JN015272

NHK
趣味の
12か月
栽培ナビ

(12)

ラベンダー

下司高明
Geji Takaaki

「ヒッドコート」

12か月
栽培ナビ
Lavender

NP·S.Oizumi

目次
Contents

NP-T.Narikiyo

NP-T.Narikiyo

NP-T.Narikiyo

本書の使い方

本書はラベンダーの栽培にあたって、1月から12月に分けて、月ごとの作業や管理を詳しく解説しています。また、主な系統・種類の解説や利用法などを、わかりやすく紹介しています。

＊「ラベンダーの魅力と主な系統」(5〜30ページ) では、ラベンダーの性質、系統と代表種、栽培のポイント

などを紹介しています。

＊「12か月栽培ナビ」(31〜77ページ) では、月ごとの主な作業と管理を、初心者でも必ず行ってほしい【基本】と、中・上級者で余裕があれば挑戦したい【トライ】の2段階に分けて解説しています。主な作業の手順は、適期の月に掲載しています。

今月の作業をリストアップ

【基本】
初心者でも必ず行ってほしい作業

【トライ】
中・上級者で余裕があれば挑戦したい作業

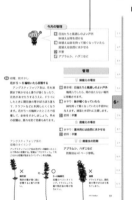

今月の管理の要点をリストアップ

＊「植栽プラン」(78〜83ページ) では、ラベンダーとほかのハーブ類を使った植栽プランの例を、立体図と平面図で紹介しています。

＊「寒冷地・高冷地での栽培」(90ページ)、「暖地での栽培」(91〜93ページ) では、中間地 (関東地方など温暖な地域) 以外の地域における栽培に適した系統・種類、栽培のコツを解説しています。

● 本書は関東地方以西を基準にして説明しています。地域や気候により、生育状態や開花期、作業適期などは異なります。また、水やりや肥料の分量などはあくまで目安です。植物の状態を見て加減してください。

● 種苗法により、品種登録されたものについては譲渡・販売目的での無断増殖は禁止されています。また、品種によっては、自家用であっても譲渡や増殖が禁止されており、販売会社と契約書を交わす必要があります。さし木などの栄養繁殖を行う場合は事前によく確認しましょう。

ラベンダーの
魅力と主な系統

古くから有用植物として
利用されてきたラベンダーには、
気品に満ちた香りと多くの魅力があります。
系統ごとの特徴や代表種を紹介します。

Lavender

ラベンダーの魅力

1 香りがよい

古代から薬用や美容、香料などに利用されてきたラベンダーの独特の香りには、神経や筋肉の緊張をほぐす作用があるといわれています。その香りは現代人にも、ストレスの緩和やリラックス効果をもたらしてくれます。

精油やアロマグッズ、ドライなどの市販品も多く流通しますが、わが家でラベンダーを育てれば、フレッシュな香りを好きなときに、思う存分楽しむことができます。

2 暮らしに利用できる

花を収穫したら、ブーケにして部屋に飾ったり、お風呂に浮かべたり、クラフトに利用したりして、とれたての香りを楽しみましょう。さらに、ドライにして保存すれば、開花期以外にも、自家製ラベンダーの香りを一年を通して楽しめます。

3 系統、種類が多い

ラベンダーの香りで有名なのはアングスティフォリア系ですが、ほかにもさまざまな系統や種類があります。香り、花、葉、性質、目的などに合わせて、好みのラベンダーを選ぶ楽しみがあります。

4 庭植え、鉢植えで楽しめる

ラベンダーはコンパクトに育つ常緑性低木で、庭がなくても、ベランダで1鉢から楽しむことができます。

庭植えにする場合は、耐寒性、耐暑性を調べて、栽培する地域に合った系統から選びましょう。

アングスティフォリア系の代表種「ヒッドコート」。中間地や暖地では鉢栽培のほうが夏越しの失敗が少ない。

NP-N.Kamibayashi

鉢植え

NP-T.Maki

ストエカス系は花形がかわいらしく花色も豊富。花壇材料としても人気で、暑さに強く暖地でも庭植えで楽しめる。寒冷地では鉢植えか一年草扱いに。

庭植え

NP-H.Imai

初夏にバラと香りの競演も楽しめる。ただし、バラの近くは肥料が多くなりがちなので、少し離して植える。

5　栽培が簡単で毎年楽しめる

　ラベンダーは丈夫で病害虫の発生が少ない、初心者でも育てやすいハーブです。

　栽培の一番のポイントは夏越しです。地中海沿岸地方など夏に乾燥した地域が原産の種類が多く、収穫を兼ねた枝すかしで蒸れ対策をし、必要に応じて遮光をして夏を乗り切れば、毎年収穫が楽しめます。

　花がない時期はリーフプランツとして、シルバーや緑色の香りのよい常緑性の葉も観賞できます。

ドライ

NP-T.Narikiyo

収穫後にドライにすれば、室内でも香りを一年中楽しめる。

主な系統と代表種

シソ科の常緑性低木

ラベンダーはシソ科ラバンデュラ属の常緑性低木です。西洋では古代から、独特の香りをさまざまな用途に利用してきました。

日本には江戸時代後期に伝わりましたが、多くの日本人に知られるようになったのは 1970 年代以降のことです。北海道富良野のラベンダー畑がきっかけで、一気に人気が高まりました。

現在では日本でも盛んに改良が行われ、香料やアロマセラピー用の精油、クラフトなどに利用するハーブとしてだけでなく、花壇や鉢で観賞する園芸植物としても親しまれています。

性質の異なる多様な系統がある

香りのよさならアングスティフォリア系が一番ですが、冷涼な気候を好むため、中間地や暖地では、ラバンディン系が多く栽培されています。ウサギに似た花形のストエカス系、四季咲き性のデンタータ系、プテロストエカス系は主に観賞用として栽培されます。

ほかにも多くの系統がありますが、本書では苗の流通量が多い上記の 5 つの系統を中心に代表的な種類について解説します。ラベンダーは系統によって開花期、耐寒性、耐暑性、利用法などが大きく異なります。栽培を始める前にそれぞれの系統の主な特徴、性質、利用法を把握しましょう。

NP-S.Oizumi

北海道のラベンダー畑は憧れの風景。写真は国営滝野すずらん丘陵公園の「アロマティコ」（アングスティフォリア系）。

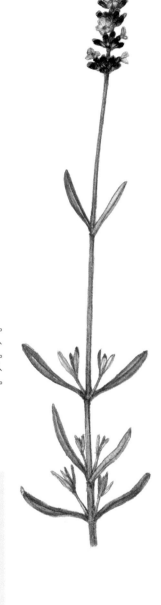

アングスティフォリア系

　地中海沿岸地方原産のコモンラベンダーなどを元にした、最も香りがよい系統です。イングリッシュラベンダー、トゥルーラベンダー、真正ラベンダーとも呼ばれます。

　乾燥した気候を好み、耐寒性が強い半面、日本の高温多湿の夏が苦手です。日本では、冷涼な寒冷地、高冷地での栽培に向きます。

　5月下旬から6月下旬にかけて、淡紫色から濃紫色、白色、桃色の穂状の花を咲かせます。最近は二季咲き性や、斑入り葉タイプも人気です。14〜18、86ページ参照。

ラベンダーを代表する香り。
花穂が短いが、花色が濃く、
クラフトなどで見映えもする。
ラバンディン系に比べると収穫量は少ないが、
成木になると1株から100本近くとれる。

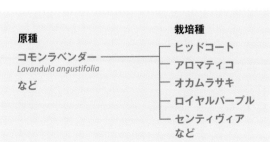

原種	栽培種
コモンラベンダー	┬ ヒッドコート
Lavandula angustifolia	├ アロマティコ
など	├ オカムラサキ
	├ ロイヤルパープル
	└ センティヴィア
	など

カンファー（樟脳）の香りが強い。
花穂、花茎とも長く、収穫量も多い。
2年目以降は1株から200本近くとれ、
クラフトにも向く。

ラバンディン系

アングスティフォリア系のラベンダーと、原種のスパイクラベンダー（*Lavandula latifolia*）の交配種（ラバンディン）を元にした系統。精油分が多く、スパイクラベンダーから受け継いだカンファー（樟脳）の強い香りが特徴です。

アングスティフォリア系に比べてやや耐暑性が強く、耐寒性もあり、アングスティフォリア系の栽培が難しい中間地から暖地に向いています。アングスティフォリア系より成長が早く大株に育ち、花穂や花茎も長く収穫量が多いので、クラフトや商用にも適します。19〜21、86ページ参照。

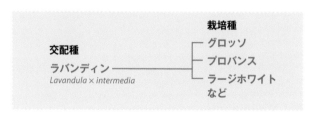

交配種

栽培種

ラバンディン ─────── ┬ グロッソ
Lavandula × intermedia ├ プロバンス
└ ラージホワイト
など

ストエカス系

ストエカスラベンダーの原産地はスペイン領カナリア諸島、地中海沿岸地方、トルコなど。フレンチラベンダー、スパニッシュラベンダーとも呼ばれます。西洋では、古くから薬用や美容に利用されてきましたが、ウサギのような愛らしい花形から、現代では主に観賞に利用されます。

暑さに強い半面、耐寒性が弱く、マイナス5℃を切ると枯れてしまいます。

ストエカスラベンダーや近縁種を交配した、さまざまなストエカス系の栽培種が流通します。22 ～ 26、87 ページ参照。

俵形の花穂の先端に、
ウサギの耳を思わせる苞葉がつく。
花や葉にカンファー（樟脳）の香りがある。

原種	ストエカスラベンダー *Lavandula stoechas* ペダンクラータラベンダー（亜種） *L. stoechas* ssp. *pedunculata* など

		栽培種
交配種	ペダンクラータ・ハイブリッド	アボンビュー　など
	ストエカス系× ヴィリディスラベンダー	マーシュウッド　など

＊**ヴィリディスラベンダー（別種）** *L. viridis*
スペイン南西部、ポルトガル南部、マデイラ諸島原産の黄花の原種。ストエカス系と同じウサギのような花形が特徴。花色は緑がかったクリーム色で、グリーンラベンダー、イエローラベンダーとも呼ばれる。ストエカス系の栽培種の交配親にもよく使われる。26ページ参照。

デンタータ系

　デンタータラベンダー（*Lavandula dentata*）は、スペイン領バレアレス諸島、アフリカ北部原産。フリンジラベンダーとも呼ばれます。

　四季咲き性で、春から初夏、秋から初冬にかけて長く花が楽しめます。香りはあまり強くありませんが、観賞用のラベンダーとして重宝します。

　常緑性の葉に細かい切れ込み（鋸歯(きょし)）があり、学名(種小名(しゅしょうめい))の *dentata* は、ラテン語の「dent（歯）」に由来します。

　暑さに強い半面、耐寒性はやや弱いので、寒冷地・高冷地では鉢栽培にして室内で冬越しさせます。27、87 ページ参照。

別名のフリンジラベンダーは
花穂の先端の苞葉から。
細かい切れ込みのある葉が特徴。

プテロストエカス系

　プテロストエカス系（*Pterostoechas*）は、地中海沿岸西部地方原産のムルティフィダラベンダー、スペイン領カナリア諸島、ポルトガル領マデイラ諸島原産のピナータラベンダー、スペイン領カナリア諸島原産のカナリーラベンダーなど複数の原種や交配種が混在し、見分けが難しくなっているのが現状です。主に観賞用として、レースラベンダー、ファーンラベンダーなどの名で開花株のポット苗、鉢花が流通します。28、87 ページ参照。

　耐暑性は普通ですが、耐寒性が弱く、0℃を下回ると枯れることがあります。

香りは弱いが、
四季咲き性の可憐な花と、
深い切れ込みのある
レースのような葉は
観賞価値が高い。

そのほかのラベンダー

　本書で主に取り上げる 5 つの系統以外にも、多くの系統の原種や交配種があります。代表的な種類を紹介します。

●スィートラベンダー

　1800 年代初頭にフランスとイタリアで発見されたデンタータラベンダーとスパイクラベンダーの交配種。生育が旺盛で大株になり、長く咲き続けます。29 ページ参照。

●ソーヤーズ

　原種のウーリーラベンダーとアングスティフォリア系のラベンダーの交配種。白っぽい美しい葉も観賞できます。29 ページ参照。

13

アングスティフォリア系
（コモンラベンダー、イングリッシュラベンダー）

←↓ アロマティコ ブルー
Aromatico Blue

開花期／5月下旬〜6月下旬、
　　　　10月上旬〜11月下旬
樹高／35〜45cm　株張り／40〜60cm

芳香性が高く癒やし成分とされる「リナロール」
が多く含まれる。比較的耐暑性が強く、秋にも開
花して年に2回楽しめる。

NP·T.Narikiyo

NP.N.Kamibayashi

↑ ヒッドコート
Hidcote

開花期／5月下旬〜6月中旬

樹高／40〜50cm　株張り／40〜50cm

アングスティフォリア系の代表種。深い紫色の小花を密に咲かせる。香りが非常によく、ドライにしても花色や香りが残る。樹形がコンパクト。

↓ リトルマミー
Little Mommy

開花期／5月下旬〜6月上旬、
　　　　9月上旬〜10月中旬

樹高／約50cm　株張り／約50cm

耐暑性が強く暖地での栽培も可能な「長崎ラベンダー」シリーズの定番。春と秋の二季咲き性。樹形がコンパクト。

Nagasaki Lavender

NP-T.Narikiyo

← シャインブルー
Shine Blue

開花期／5月下旬〜6月中旬
樹高／50〜60cm　株張り／60〜70cm

株にボリュームがあり花数も多い。花穂の紫色が濃く、繊細なシルバーリーフとのコントラストが美しい。花穂はコンパクト。

NP-T.Narikiyo

↓ アヴィニヨン アーリーブルー
Avignon Early Blue

開花期／5月下旬〜6月中旬
樹高／50〜60cm　株張り／40〜50cm

アングスティフォリア系のなかでも丈夫で育てやすい。花穂はコンパクトで花色が特に濃い。枝分かれしてよく茂る。茎が強く庭植えにも向く。

NP-T.Narikiyo

↑ ブルースピアー
Blue Spear

開花期／5月下旬〜6月中旬
樹高／40〜50cm　株張り／40〜50cm

花穂が特に長い。株はコンパクトにまとまるが存在感がある。アングスティフォリア系のなかでも耐寒性が強く、マイナス20℃まで耐えられる。

ディープパープル
Deep Purple

開花期／5月下旬～6月中旬
樹高／40～50cm　株張り／40～50cm

花穂がコンパクトで、花色は濃い青紫色。香りは
さわやか。よく分枝してそろいがよく、株がコン
パクトにまとまる。

↓ ロイヤルパープル
Royal Purple

開花期／5月下旬～6月中旬
樹高／50～60cm　株張り／60～70cm

イギリスのナーセリーで作出された代表的な香料
種。花は濃紫色で香りがよく、花穂が長くしっか
りしているのでドライにも向く。

↑ パープルマウンテン
Purple Mountain

開花期／5月下旬～6月中旬
樹高／40～50cm　株張り／40～50cm

萼、花色ともに非常に濃い紫色で、香りもよい。
樹形がコンパクトにまとまる。

svngenta

↓ オカムラサキ
Okamurasaki

開花期／5月下旬〜6月中旬
樹高／40〜50cm　株張り／40〜50cm

北海道で育種された日本産ラベンダー。花穂が
比較的長く、花色は青みがかった紫色。花茎が長
く曲がりやすいので、高植えや高さのある鉢で地
面から離して栽培するとよい。

NP-S.Oizumi

↑ センティヴィア ブルー
Sentivia Blue

開花期／5月下旬〜6月下旬、
　　　　　10月上旬〜11月下旬
樹高／35〜45cm　株張り／40〜60cm

アングスティフォリア系には珍しく春と秋の2回
開花。夏にできるだけ湿度が低く、風通しがよい
場所で管理することで、秋にも開花する。

↓ イレーネドイル
Irene Doyle

開花期／5月下旬〜6月下旬、
　　　　　10月上旬〜11月中旬
樹高／50〜60cm　株張り／60〜70cm

二季咲き性で春と秋に開花する。花は美しい薄紫
色、萼は緑色でエレガントな雰囲気。柑橘を思わ
せる甘い香りがある。

NP-T.Narikiyo

ラバンディン系

↓→ グロッソ
Grosso

開花期／6月下旬〜7月下旬
樹高／80〜100cm　株張り／80〜100cm

ラバンディン系の代表種。多数の花穂を立ち上げ、ラベンダースティックなどのクラフトに向く。横に大きく広がってボリュームが出る。比較的耐暑性が強く暖地にも向く。

NP/T.Narikiyo

NP-M.Tanaka

NP-M.Tanaka

NP-T.Nariklyo

ディリーディリー
Dilly Dilly

開花期／6月下旬〜7月下旬
樹高／80〜100cm　株張り／80〜100cm

「グロッソ」の選抜種。花穂が長く青紫色の花。
萼は紫味を帯び、葉はややシルバーがかる。株は
やや横に広がる。

プロバンス
Provence

開花期／7月上旬〜下旬
樹高／80〜100cm　株張り／80〜100cm

「グロッソ」より遅咲きで多花性。花は淡い青紫
色でやさしい色合い。丈夫で育てやすい。

NP-T.Narikiyo

← アラビアンナイト
Arabian Night

開花期／6月下旬〜7月下旬
樹高／80〜100cm　株張り／80〜100cm

「スーパー」の選抜種。花を多くつけ、花穂の先が細くなる。香りは強い。成長が早く、株が大きくなる。

NP-T.Narikiyo

↓ ラージホワイト
Large White

開花期／6月下旬〜7月下旬
樹高／80〜100cm　株張り／80〜100cm

珍しい白花。ほかのラバンディン系と同様にボリュームがあり、花も多く収穫できる。花穂はやや小さい。

NP-M.Tanaka

↑ スーパー
Super

開花期／6月下旬〜7月下旬
樹高／80〜100cm　株張り／80〜100cm

精油用に改良された種類。花は赤みがかった薄紫色で花穂は細め。萼は緑紫色。甘い香り。生育が旺盛で丈夫。

ストエカス系
（フレンチラベンダー）

T.Geji

NP-T.Kamibayashi

↑ → **アボンビュー**
Avonview

開花期／4月上旬〜5月中旬
樹高／40〜60cm　株張り／60〜80cm

ニュージーランドの育成種。花茎が長く苞葉は薄
紫色で大きい。早めに切り戻すと二番花も楽しめ
る。こんもりと育ち、比較的暑さや蒸れにも強い。

NP·S.Maruyama

マーシュウッド
Marshwood

開花期／4月中旬～5月中旬
樹高／40～60cm　株張り／60～80cm

ストエカス系とヴィリディスラベンダーを交配した大型種。生育旺盛で花数が多く、ピンクがかった薄紫色の花とワインレッドの苞葉。香りが独特。

ノーブルサマー
Noble Summer

開花期／4月中旬～5月中旬
樹高／40～60cm　株張り／60～80cm

花数が多く、大きめの花穂に濃い紫色の花が咲く。苞葉は薄紫色で、紫色のグラデーションが美しい。

NP·T.Narikiyo

NP-T.Narikiyo

← 「ラベラ」 シリーズ

開花期／3月下旬〜5月下旬
樹高／50〜60cm　株張り／50〜60cm

3月下旬ごろから一足早く咲き始める。生育旺盛
で花数が多く、こんもりと咲く。花穂も大きめ。
写真は「ディープピンク」。

NP-T.Narikiyo

↓ キューレッド
Kew Red

開花期／3月下旬〜5月中旬
樹高／50〜60cm　株張り／40〜50cm

小ぶりの花穂にローズピンクの花、淡いピンク色
の苞葉が愛らしい。花数が多く、早めに花がらを
摘むと次々に咲く。全体的にコンパクト。

NP-Y.Itoh

↑ プリンセス
Princess

開花期／3月下旬〜6月下旬
樹高／40〜50cm　株張り／40〜50cm

大ぶりの花穂に濃いショッキングピンクの花。苞
葉も大きめで存在感が際立つ。花数が多く、早め
に花がらを摘めば繰り返し咲く。

NP-T.Narikiyo

←「ラッフルズ」シリーズ

開花期／3月下旬～6月下旬
樹高／40～50cm　株張り／40～50cm

連続して開花する性質が強く、長く観賞できる。
苞葉が長い。写真は「スイートベリー」。

↓ わたぼうし
Wataboushi

開花期／3月下旬～5月中旬
樹高／40～50cm　株張り／50～60cm

紫色の花と白い苞葉の清潔感のある組み合わせ。
小ぶりな花とコンパクトな樹形のバランスもよ
い。花がらを摘むと1か月後に二番花が咲く。

NP-Y.Itoh

NP-T.Narikiyo

↑ キャリコ
Calico

開花期／4月中旬～5月中旬
樹高／50～60cm　株張り／50～60cm

淡いピンク色の花とクリーム色の苞葉の珍しい色
合い。葉色は黄緑色。開花がやや遅く、4月中旬
ごろから咲き始める。生育は旺盛。

25

NP-T.Narikiyo　　NP-N.Kanabayashi

プリンセスゴースト
Princess Ghost

開花期／3月下旬～6月下旬
樹高／40～50cm　株張り／40～50cm

花はかわいらしいピンク系。シルバーリーフが美
しく、花が終わったあともリーフプランツとして
周年楽しめる。

シルバーアヌーク
Silver Anouk

開花期／3月下旬～6月下旬
樹高／40～50cm　株張り／40～50cm

強健で耐暑性もある。花は濃い紫色で、苞葉は淡
い紫色。美しいシルバーリーフラベンダーとして、
開花期以外も観賞価値が高い。

T.Geji

← イエローフラワー
Yellow Flower

開花期／4月中旬～5月中旬
樹高／40～50cm　株張り／40～50cm

ヴィリディスラベンダー（11ページ参照）の栽培
種。ヴィリディスラベンダーは黄花の原種で、ス
トエカスラベンダーに似るが別種。開花期は短く
樹形が暴れやすい。

デンタータ系

E.Yajima

葉の縁に入る細かい切れ込みが特徴。

デンタータラベンダー
Lavandula dentata

開花期／4月下旬～6月下旬、
10月上旬～12月下旬
樹高／80～100cm　株張り／60～80cm

スペイン領バレアレス諸島、アフリカ北部原産。
葉の縁が細かく切れ込む。四季咲き性で開花期
が長く、太く詰まった花穂の先に苞葉がある。

NP-T.Narikiyo

27

プテロストエカス系

← ムルティフィダラベンダー
Lavandula multifida

開花期／3月上旬〜7月下旬、
　　　　9月下旬〜12月下旬
樹高／30〜100cm

地中海沿岸西部地方原産。葉に羽根のような切れ込みがある。花穂が3本に枝分かれしやすい。四季咲き性。

↓ ピナータラベンダー
Lavandula pinnata

開花期／3月上旬〜7月下旬、
　　　　9月下旬〜12月下旬
樹高／80〜100cm

スペイン領カナリア諸島、ポルトガル領マデイラ諸島原産。別名、大輪レースラベンダー。葉が羽根のように切れ込み、花穂は3つに枝分かれする。四季咲き性。

↑ カナリーラベンダー
Lavandula canariensis

開花期／3月上旬〜7月下旬、
　　　　9月下旬〜12月下旬
樹高／80〜150cm　株張り／60〜80cm

スペイン領カナリア諸島原産の大型種。葉に深い切れ込みが入る。花数は比較的少ないが、花形や樹形は魅力的。花穂がつけ根で何本かに枝分かれする。

そのほかのラベンダー
（交配種）

→ スィートラベンダー
Sweet Lavender

開花期／周年
樹高／50〜100cm　株張り／80〜100cm

原種のデンタータラベンダーとスパイクラベンダーの交配種。花は青紫色で香りがよい。成長が早く大株になる。耐暑性、耐寒性はデンタータラベンダーに準じる。

NP-T.Narikiyo

↓ ソーヤーズ
Sawyers

開花期／6月上旬〜下旬
樹高／50〜60cm　株張り／50〜60cm

原種のウーリーラベンダーとアングスティフォリア系のラベンダーの交配種。アングスティフォリア系に似た立ち姿で青紫色の花を咲かせる。葉はシルバー。

NP-M.Tanaka

NP-Y.Itoh

アラルディーラベンダー
Lavandula × allardii

開花期／6月上旬～7月中旬、
　　　　10月上旬～11月下旬
樹高／50～100cm　株張り／50～100cm

原種のスパイクラベンダーとデンタータラベン
ダーの交配種と考えられている。花穂、樹形、香
りはデンタータラベンダーに、美しいシルバー
リーフはスパイクラベンダーに似る。

NP-T.Narikiyo

メルロー
Meerlo

開花期／6月上旬～7月中旬
樹高／60～100cm　株張り／50～100cm

アラルディーラベンダーの丈夫な斑入り種で、カ
ラーリーフプランツとしても楽しめる。葉に深い
切れ込みが入る。耐暑性、耐寒性（マイナス2℃）
も強い。香りのよい明るい紫色の花が咲く。

12か月
栽培ナビ

主な作業と管理を月ごとにまとめました。
系統ごとの適切な管理を心がけ、
美しい花と香りを楽しみましょう。

「濃紫早咲」

Lavender

NP.S.Oizumi

ラベンダーの年間の作業・管理暦

		1月	2月	3月	4月	5月
生育状態	ストエカス系			開花		
	アングスティフォリア系※	休眠				開花
	ラバンディン系	休眠				
主な作業	ストエカス系	花がら摘み・収穫・花後剪定・枝すかし				
	アングスティフォリア系			p38		
	ラバンディン系				p42 〜 p47	
	共通 強剪定・整枝			↑	↑	
	共通 植えつけ・植え替え					
	共通 さし木					↓
	共通 タネまき	p51 ←				p48 〜 p5
	共通 根切り			→ p39		
	共通 防寒	→ p34				

置き場 ☀
日当たりのよい寒風の当たらない戸外（明るい室内） / 日当たりと風通しのよい戸外

水やり（鉢植え）
鉢を持って軽くなっていたら午前中にたっぷり

水やり（庭植え）
└乾燥した日が2週間続いたら └自然にまかせる

肥料（鉢植え）
緩効性化成肥料を少量 / 液体肥料（ストエカス系）

肥料（庭植え）
緩効性化成肥料を少量 / 液体肥料（ストエカス系）

病害虫の防除
アブラムシ、ハダニなど（室内） / アブラムシ、ハダニなど

※アングスティフォリア系は一季咲き性が基準

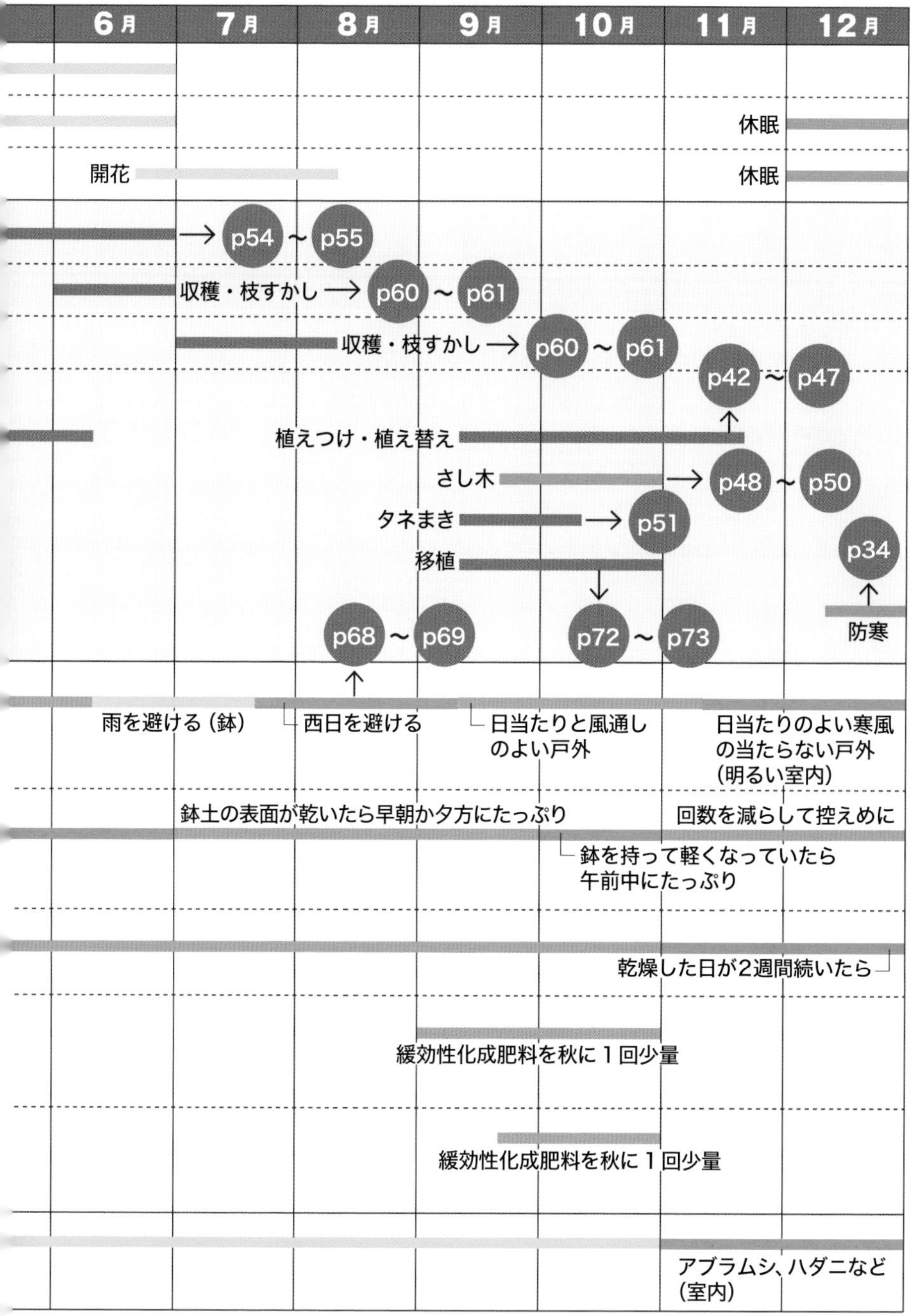

6月	7月	8月	9月	10月	11月	12月

休眠

休眠

開花

→ p54 ～ p55

収穫・枝すかし → p60 ～ p61

収穫・枝すかし → p60 ～ p61

p42 ～ p47

植えつけ・植え替え ↑

さし木 → p48 ～ p50

タネまき → p51

移植 ↓

p34

防寒 ↑

p68 ～ p69 ↑

p72 ～ p73

雨を避ける（鉢）└ 西日を避ける └ 日当たりと風通しのよい戸外　日当たりのよい寒風の当たらない戸外（明るい室内）

鉢土の表面が乾いたら早朝か夕方にたっぷり　回数を減らして控えめに

└ 鉢を持って軽くなっていたら午前中にたっぷり

乾燥した日が2週間続いたら┘

緩効性化成肥料を秋に1回少量

緩効性化成肥料を秋に1回少量

アブラムシ、ハダニなど（室内）

33

1・2月

基本 防寒
基本 マルチング
基本 強剪定・整枝

基本 基本の作業
トライ 中級・上級者向けの作業

1月・2月のラベンダー

　厳しい寒さに耐える庭植えのアングスティフォリア系、ラバンディン系のシルバーリーフが冬の陽に輝きます。冬の間、ほとんど動きはありません。鉢植えのプテロストエカス系は最低気温が0℃、ストエカス系、デンタータ系はマイナス5℃を下回る場合は、室内の日当たりのよい明るい場所に取り込みます。プテロストエカス系は光と温度を保てば長く開花を続け、冬の鉢花として楽しめます。

庭植えのラバンディン系「グロッソ」。

主な作業

基本 防寒

不織布をかけて寒風をよける

　冬の間、ほとんど作業はありません。

　耐寒性の強いアングスティフォリア系はマイナス15～20℃、ラバンディン系はマイナス10～15℃を下回らなければ戸外で冬越しできます。

　ただし、強い寒風に吹きさらされると、葉が乾燥して枯れてしまうことがあります。とくに寒冷地、高冷地では、株の上から不織布をかけて寒風をよけると、春の芽吹きがよくなります。

　雪には強いですが、雪の重みで株が割れたり、枝が折れたりすることもあります。心配な場合は、大雪が降る前に、ひもなどで株を縛るとよいでしょう。

不織布を1枚かけるだけで寒風よけの効果がある。

今月の管理

- ❄ 寒風の当たらない明るい軒下か室内
- 💧 鉢植えは鉢を持って軽くなっていたら
  庭植えは乾燥した日が2週間続いたら
- ▦ 不要
- 🐛 アブラムシ、ハダニなど（室内）

基本 マルチング

冬は保温の効果がある

　庭植えは株元を周年バークチップなどで覆っておく（マルチングする）と、地温の確保になります。

基本 強剪定・整枝

2月下旬から作業できる

　アングスティフォリア系とラバンディン系は強剪定、ストエカス系は整枝をします。方法は36、38ページを参照してください。

Column

....

ラベンダーの休眠

　耐寒性の強いアングスティフォリア系、ラバンディン系は、冬に休眠します。休眠に入るタイミングは、品種によって多少異なります。ストエカス系、デンタータ系、プテロストエカス系は0℃以下になると生育が緩慢になります。

生育期は緑色の葉（左）が、休眠に入るとシルバーになる（右）。春に休眠から覚めると緑色に戻る。

....

管理

 鉢植えの場合

❄ **置き場：寒風の当たらない明るい場所**

　軒下などの寒風の当たらない日なた。耐寒性の弱い系統を室内に取り込む場合は、明るい窓辺など。暖房の温風が直接当たらないようにします。

💧 **水やり：過湿と水切れに注意**

　水のやりすぎによる過湿、乾燥による水切れに注意します。鉢を持って軽くなっていたら、午前中に与えます。

▦ **肥料：不要**

庭植えの場合

💧 **水やり：乾燥した日が2週間続いたら**

　雨や雪が2週間降らなければ、水を与えます。

▦ **肥料：不要**

病害虫の防除

アブラムシ、ハダニなど

　室内に取り込んだ鉢植えは、アブラムシ、ハダニなどに注意します。防除法は41ページ参照。

今月の主な作業

- 基本 植えつけ、植え替え
- 基本 強剪定、整枝
- 基本 マルチング
- トライ 根切り
- トライ さし木
- トライ タネまき

基本 基本の作業
トライ 中級・上級者向けの作業

3月のラベンダー

冬の間休眠していたアングスティフォリア系、ラバンディン系は休眠から覚め、気温の上昇とともに、葉の色がシルバーから緑色になります。ストエカス系は、下旬あたりから開花が始まります。

ガーデンセンターの店頭に早出しの各種ラベンダーのポット苗や、プテロストエカス系の開花鉢などが並び、一足早くラベンダーシーズンの訪れを知らせてくれます。

3月下旬から開花するストエカス系の「わたぼうし」。

主な作業

基本 **植えつけ、植え替え**

1週間程度外気に当てて慣らす

春先に出回る苗の多くは温室育ちです。1週間程度少しずつ外気に当てて慣らしてから鉢に植えつけましょう。庭への植えつけは遅霜の心配がなくなってからにします。植え替えは毎年春か秋に行います。方法は42～47ページを参照。

基本 **強剪定、整枝**

樹高の半分を目安に切り戻す

アングスティフォリア系、ラバンディン系は、毎年新芽が伸び出す前に樹高の半分を目安に全体を切り戻します(強剪定)。枝数がふえ、美しい樹形が維持でき、花数も増えます。強剪定をしないと、蒸れて枝が枯れ込んだり、下葉が落ちたりして樹形が乱れ、枝が老化して花つきも悪くなります。

ストエカス系は強剪定は行わず、形の悪い枝や枯れ枝を整理して樹形を整えます(整枝)。ただし、年数のたった大株は2～3年に1回強剪定をして、株の若返りをはかります。

今月の管理

❄ 日当たりと風通しのよい戸外
💧 鉢植えは鉢を持って軽くなっていたら
　庭植えは自然にまかせる
🔅 追肥
🐛 アブラムシ、ハダニなど

基本 マルチング

　量が減っていたら補充します。

トライ 根切り

移植前に細かい根を発生させる

　ラベンダーは植えつけて3年以上すると細かい根が減ります。太い根を切ってすぐに移植すると、水が吸えずに枯れてしまうこともあります。3年以上たった株を移植する場合は3月に根切りをして、秋に移植します（72〜73ページ参照）。3年未満の株は根切りは不要です。

トライ さし木

　方法は48〜50ページを参照してください。

トライ タネまき

　お彼岸すぎからタネまきができます。発芽適温（地温）は15〜20℃前後です。方法は51ページを参照してください。

管理

🪣 鉢植えの場合

❄ **置き場：日当たりと風通しのよい戸外**

　室内のストエカス系、プテロストエカス系は、3月下旬から日中戸外に出して、少しずつ外気に慣らします。

💧 **水やり：鉢が軽くなっていたら**

　鉢を持って軽くなっていたら午前中に与えます。過湿と水切れに注意します。

🔅 **肥料：追肥**

　緩効性化成肥料を規定量よりやや少なめに施します。

庭植えの場合

💧 **水やり：基本的には自然にまかせる**

　苗の植えつけ直後にたっぷり。以降は乾燥が続いたら水やりをします。

🔅 **肥料：追肥**

　緩効性化成肥料を規定量よりやや少なめに施します。

🪣 病害虫の防除

アブラムシ、ハダニなど

　防除法は41ページ参照。

基本 ## 強剪定 （アングスティフォリア系、ラバンディン系） ｜ 適期＝2月下旬〜3月下旬

鉢植え、庭植えとも、新芽が動き出す前に、樹高の半分を目安に全体を切り戻す。

強剪定前

休眠明けのラバンディン系「グロッソ」。新芽が伸び出す前に毎年強剪定をする。

強剪定後

元の樹高の半分を目安に強剪定をした株（手前）。新芽が伸びると、こんもりとしたドーム状にまとまる。

1

芽を確認する

芽がない枝を切り戻すと枯れ込むので、剪定位置より下に芽があるのを確認する。

2

半分に切り戻す

樹高の半分を目安に、樹形がドーム状になるようにハサミで全体を切り戻す。

強剪定をしなかったために、上部にしか葉がなくなってしまった「グロッソ」。こうなると下から新芽が出にくく、仕立て直しは難しい。

トライ 根切り

適期＝3月

植えつけて3年以上たった株は、移植する前に根切りをして細かい根を出させる。

① 根の先端を切る
先に強剪定はすませておく。株張りの10cm程度外側に、スコップの刃を深さ30cmほど垂直にさし、根の先端を切断する。

② 根切り後
1周して根切りを終えたところ。秋の移植までこのまま管理する。

植えつけて3年以上たつと細かい根が減り、ゴボウのような直根が3〜4本になる。太い根の先端を切り、細かい根を発生させてから移植する。

樹冠の10cm外側にスコップを垂直にさして根を切り、細かい根（根毛）を発生させる

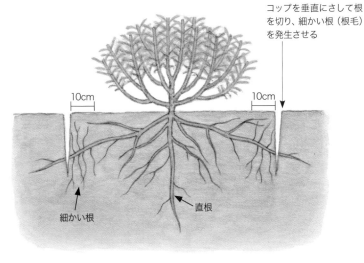

10cm　　10cm

細かい根
直根

1月
2月
3月
4月
5月
6月
7月
8月
9月
10月
11月
12月

39

4月

今月の主な作業

- 基本 鉢、庭への植えつけ、植え替え
- 基本 花がら摘み、収穫
- 基本 マルチング
- トライ さし木
- トライ タネまき

基本 基本の作業
トライ 中級・上級者向けの作業

4月のラベンダー

　1年のうちでラベンダーのポット苗が最も多く流通する時期です。好みのラベンダーを見つけたり、入手したりするのに最適な月です。

　ストエカス系やデンタータ系は、ほとんどの種類で春の一番花が咲き始めます。春先に強剪定をしたアングスティフォリア系やラバンディン系は、初々しい新芽が伸び始めます。

花が咲き始めたストエカス系の「マーシュウッド」。

主な作業

基本 **植えつけ、植え替え**

鉢植えは毎年春か秋に植え替える

　入手したポット苗は、すぐ鉢に植えつけます。2年目以降は毎年春の強剪定（36、38ページ参照）の約3週間後か秋に植え替えます。

　庭への植えつけは、暑さが苦手なアングスティフォリア系は、夏に弱ったり、枯れてしまったりすることがあるので、鉢で養生して秋に庭に植えつけると失敗が減ります。暖地ではラバンディン系も、秋の植えつけがおすすめです。暑さに強いストエカス系は、春に庭に植えつければ旺盛に育ちます。

基本 **花がら摘み、収穫**

　ストエカス系の咲き終わった花は切り取ります（54ページ参照）。収穫も楽しめます。

基本 **マルチング**

　庭植えは周年マルチングをして、泥はねや雑草を防ぎます。

トライ **さし木**

5〜6年ごとに株を取り替える

　ラベンダーは下葉が枯れ上がって樹形が乱れやすく、年数がたつと花数も

今月の管理

☀ 日当たりと風通しのよい戸外

💧 鉢植えは鉢を持って軽くなっていたら
庭植えは自然にまかせる

🔲 追肥（庭植えは不要）

🐛 アブラムシ、ハダニなど

減ってきます。さし木で親株と同じ性質の株をふやして（48〜50ページ参照）、5〜6年ごとに新しい株に取り替えましょう。

　ストエカス系は、春と秋にいつでもさし木ができます。アングスティフォリア系とラバンディン系は、花が上がる前の3月中旬〜4月下旬、10月が最適期です。春は、強剪定した枝もさし穂に利用できます。

トライ タネまき

発芽適温は 15 〜 20℃以上

　苗がたくさん欲しい場合は、市販のタネを購入して、タネまきに挑戦してみましょう。発芽適温（地温）は15〜20℃前後です。

管理

🪴 鉢植えの場合

☀ **置き場：日当たりと風通しのよい戸外**

💧 **水やり：鉢が軽くなっていたら**
　鉢を持って軽くなっていたら午前中に与えます。過湿と水切れに注意します。

🔲 **肥料：追肥**
　緩効性化成肥料を規定量よりやや少なめに施します。

🌱 庭植えの場合

💧 **水やり：基本的には自然にまかせる**
　苗の植えつけ直後にたっぷり。以降は乾燥が続いたら水やりをします。

🔲 **肥料：不要**

🪴🌱 病害虫の防除

アブラムシ、ハダニなど

　被害は少ないですが、新芽が伸びる4〜5月や冬の室内で、アブラムシ、ハダニなどが発生することがあります。まれに細菌やカビによる斑点性の病気も発生しますが、薬剤で防除する必要はありません。過湿を避け、風通しよく管理して予防します。

E.Yajima

葉のつけ根に潜むアブラムシ。捕殺するか適用のある薬剤を散布する。

E.Yajima

葉裏のハダニ。被害が少なければ葉ごと摘み取る。葉水で予防できる。

41

鉢への植えつけ

適期＝3月上旬〜6月上旬、
9月中旬〜11月中旬

ポット苗を購入したら、二回り程度大きな鉢に植えつける。

NP-T.Narikiyo

用意するもの
ポット苗（写真は3.5号＜直径10.5cm＞ポットのストエカス系「プリンセス」）
鉢（5〜6号の素焼き鉢）、用土（88ページ参照）、
鉢底石（軽石など）、土入れ　など

水はけのよい土で浅めに植えつける

　ラベンダーは過湿や蒸れが苦手です。鉢底に軽石などを厚めに敷き、水はけのよい用土で植えつけましょう。鉢は通気性のよい素焼き鉢がおすすめです。重さが気になる場合は、鉢底穴の多いプラスチック鉢でもよいでしょう。

　植えつける深さも大切です。過湿にならないように、根鉢の肩が見える程度の浅めに植えつけます。

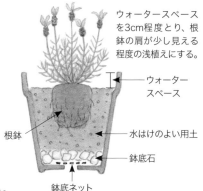
ウォータースペースを3cm程度とり、根鉢の肩が少し見える程度の浅植えにする。

ウォーター
スペース

根鉢

水はけのよい用土

鉢底石

鉢底ネット

---

①

NP-T.Narikiyo

鉢底石と用土を敷く

鉢底穴を鉢底ネットでふさぎ、軽石などを2〜3cmの厚みに敷く。軽石が隠れる程度に用土を入れる。

②

NP-T.Narikiyo

根鉢をほぐす

ポリポットを外し、根鉢の底を手で軽くほぐす。根がしっかり回っていたら、側面も軽くほぐす。

③

NP-T.Narikiyo

高さを調節する

鉢の中に②の苗を置き、植えつけの高さを見る。ウォータースペースが3cm程度になるように、底に用土を足して調節する。

用土を入れる

苗を鉢の中央に入れ、鉢と根鉢の間に用土を入れる。鉢に沿って指を入れ、すき間をなくす。

土をなじませる

鉢を回しながら鉢底を軽くたたいて土をなじませる。根鉢の肩が少し土の上に出るくらいがよい。土が足りなければ足す。

たっぷり水をやる

底から流れ出るまでたっぷり水をやる。1～2日間半日陰に置いたあと、日当たりのよい場所で管理する。

植えつけ前に花を落とす

　アングスティフォリア系、ラバンディン系は、ポット苗に蕾や花がついていたら、植えつける前に切り取って養分を株の成長に回すと、夏越し後の生育がよくなります。1年目に花よりも株の成長を優先させると、2年目の花数が倍近くにふえ、株自体も長もちします。ほかの系統は、花数が多ければ3分の1くらいに減らします。

植えつける前に、葉のすぐ上で花茎ごと切り取る。写真はラバンディン系の「グロッソ」。

花を切り取ったところ。この状態で植えつける。

基本 植え替え

適期＝3月上旬～5月上旬、9月中旬～11月中旬

鉢植えのラベンダーは、毎年春か秋に植え替える。

用意するもの
鉢植えの株、一回り大きな鉢、
用土（88ページ参照）、鉢底石（軽石など）、
ハサミ、土入れ　など

一回り大きな鉢に植え替える

　ラベンダーは生育が旺盛なので、毎
年春か秋に一回り（直径3cmほど）大
きな鉢に植え替えましょう。植えっぱ
なしにすると、鉢の中が根でいっぱいに
なって生育が悪くなったり、水切れの原
因になったりします。

　また、根鉢をほぐすことで新しい根の
発生を促し、古い土を落として新しい
用土を足すことで、鉢の中の環境もよく
なります。新しい鉢への植えつけ方は、
ポット苗の植えつけと同じです（42～
43ページ参照）。

　鉢を大きくしたくない場合は、根を傷
めない程度に古い土を落とし、根鉢を
一回り小さくしてから、同じ鉢に新しい
用土で植え直します。

植え替え前

NP-T.Narikiyo

鉢に植えつけて1年たった株。株の大きさに対し
て鉢が小さい。

植え替え後

NP-T.Narikiyo

春に一回り大きな鉢
に植え替えた株の開
花期の様子（6月）。
鉢と株のバランスも
ちょうどよい。

① 鉢から抜く

株を傷めないように鉢から取り出す。取り出しにくい場合は、鉢の縁をこぶしで軽くたたく。

② 根鉢の底をほぐす

根鉢の底の根を手でほぐしながら、古い土を落とす。

③ 側面と表面をほぐす

側面の固まった根を手でもみほぐしながら、古い土を軽く落とす。根鉢の表面の土も軽く落とす。

④ 長い根を切る

根鉢からはみ出した長い根をハサミで切り取る。

⑤ 鉢に植えつける

根鉢を整理したところ。一回り大きな鉢に、新しい用土で、根鉢の肩が少し上に出るように植えつける。

⑥ たっぷり水をやる

鉢底から流れ出るまでたっぷり水をやる。1～2日間半日陰に置いたあと、日なたで管理する。

45

基本 庭への植えつけ

適期＝3月上旬〜5月上旬（ストエカス系、ラバンディン系）、
9月中旬〜11月中旬（ストエカス系、
アングスティフォリア系、ラバンディン系）

暖地では、アングスティフォリア系、ラバンディン系は、秋の植えつけがよい。

用意するもの
ポット苗（47ページの写真は3.5号＜直径
10.5cm＞ポットのストエカス系「ルーシーパープル」）、苦土石灰、腐葉土またはバーク堆肥、
元肥（リン酸分の多い緩効性化成肥料など）、
移植ゴテまたはスコップ　など

水はけと蒸れ対策に高植えにする

　暑さに強いストエカス系は、春から初
夏に購入した苗をすぐに庭に植えつけ
て問題ありません。暑さに弱いアング
スティフォリア系は、鉢植えで夏を越し
てから、秋に庭に植えつけると失敗が
少なくてすみます。暖地では、ラバン
ディン系も秋植えをおすすめします。

　日当たりと風通しのよい場所に腐葉
土またはバーク堆肥をすき込んで、水
はけと通気性などを改善します。有機
物を入れることで微生物がふえ、土の
生物相が豊かになる効果もあります。
高植えにすると水はけがよくなり、蒸れ
も防いで、より生育がよくなります。

　複数の株を植えつける場合は株張り
を調べ（14〜30、86〜87ページ参
照）、数年先の生育を考えて十分に株間
をとりましょう。

レイズドベッド
レンガや板などで床上げした花壇。地面から離す
ほど水はけがよくなり、過湿や蒸れを防ぐ。暑さ
に弱い系統を暖地で育てたい場合におすすめ。

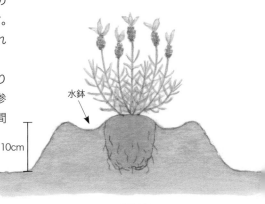

水鉢

10cm

高植え
レイズドベッドにできない場所では、土を10cm
程度盛って植えつける。植えつけ直後の根の乾燥
を防ぐために、株の周りに浅い水鉢をつくる。

①

土を耕す

移植ゴテかスコップで、1株につき直径50〜60cm、深さ20cm程度、掘り返し土をよく耕す。

②

土を改良する

苦土石灰1つかみ、腐葉土またはバーク堆肥4つかみ程度と、規定量よりやや少なめの緩効性化成肥料を土によく混ぜ込む。

③

植え穴を掘る

植えつけたい場所にポット苗を置き、位置と植えつける高さを決める。根鉢の大きさと同程度の植え穴を掘る。

④

根鉢をほぐす

苗からポリポットを外し、根鉢の底と側面、表面の根を軽くほぐす。

⑤

苗を植えつける

植え穴に④の苗を入れ、周囲の土を寄せて植えつける。根鉢の肩が土より少し上に出る程度がよい。高植えにすると蒸れ対策になる。

⑥

たっぷり水をやる

株の周囲に浅めの水鉢を掘り、たっぷり水をやる。最後に土の表面をバークチップなどで覆い（マルチング。58、73ページ参照）、名札を立てる。

⟨トライ⟩ さし木

適期＝3月上旬～5月中旬、9月下旬～10月中旬(ストエカス系)
3月上旬～4月下旬、10月(アングスティフォリア系、ラバンディン系)

さし穂を2～3時間水あげしてからさすと、成功率が高まる。

用意するもの
親株、市販のさし木用土、
連結ポット（写真は36穴、1穴4×4×4cm程度。
必要な分をハサミで切り離してもよい）、
ハサミ、カッター　など

市販のさし木用土

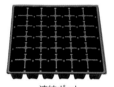

連結ポット

NP-T.Narikiyo

さし木用土に吸水させておく

　市販のさし木用土はピートモス主体のものが多く、そのままでは水をはじいてしまいます。水を張った受け皿などに浸けて、あらかじめ湿らせておきます。

NP-T.Narikiyo

連結ポットの縁まで用土を入れ、十分に底から吸水させる。

＊品種登録されているものは、無断で株をふやすことが禁止されています。さし木に限らず、品種登録されているものからふやした株は、譲渡などせずに、個人で楽しむ範囲にとどめましょう。

さし穂の調整

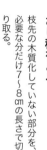

① さし穂をとる

枝先の木質化していない部分を、必要な分だけ7～8cmの長さで切り取る。

② 調整前のさし穂

切り取ったさし穂。できるだけ節間の詰まった枝がよい。

③ 下の葉を取り除く

下から2節分の葉を、つけ根から切り取る。

NP-T.Narikiyo

48

用土にさす

① さし穂をさす

吸水させておいた用土に、1穴に1本ずつさし穂を垂直にさす。葉が土に埋もれないように、葉を取り除いた部分まで土にさす。

② たっぷり水をやる

ハス口をつけたジョウロで、上からふんわりとたっぷり水やりする。

④ 斜めに切り戻す

さし穂の切り口を、カッターで斜めに切り戻す。

⑤ 葉を切る

上部の葉の3分の1程度を切り取って、葉からの蒸散量を減らす。

⑥ 水あげする

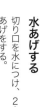

切り口を水につけ、2～3時間水あげをする。

さし木後の管理

半日陰に置き、最初の3日間は朝夕、以降は1日1回霧吹きで水をかけて乾燥を防ぎます。3週間程度したら明るい日陰に移し、過湿にして蒸れないように、1日1回たっぷり水やりをします。

ポット上げ 適期＝さし木の約1か月後〜

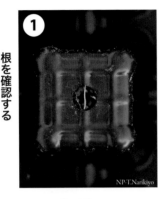

根を確認する

1か月程度して連結ポットの裏から根が見えたら、ポリポットに上げるタイミング。

連結ポットから抜く

竹ぐしなどで根鉢を持ち上げ、くずさないように連結ポットから抜き取る。

苗を植えつける

3号（直径9㎝）の植えつけ用土（88ページ参照）のポリポットに入れ、2の苗を植えつける。

　ポット上げのあと1〜2日間半日陰に置き、その後は日当たりのよい場所に移して管理します。土が乾いたらたっぷり水をやります。

　鉢への植えつけは、ポット上げの約1か月後からが目安です。庭への植えつけは、春のさし木はポット上げの1〜2か月後から、秋のさし木は2〜3か月後からできます。根がしっかり回って根鉢ができたのを確認し、適期に行いましょう。植えつけ方は、購入したポット苗と同じです（42〜43、46〜47ページ参照）。

摘心で枝をふやす

適期＝ポット上げの約1か月後〜

　先端を切り取って株の下から分枝させると（摘心）、枝数がふえてこんもりとしたドーム樹形になり、花数も増えます。

根鉢ができたころに、株元から3〜4節目のわき芽の上で摘心すると、下からわき芽が伸びて枝数が多くなる。

タネまき 適期＝3月中旬〜4月下旬、
9月中旬〜10月上旬

春まきと秋まきができる。

用意するもの
市販のタネ、
市販のタネまき用培養土、
連結ポット（48ページ参照）、
竹ぐし、厚めの紙　など

市販のタネ

市販のタネまき用培養土

タネをまく
連結ポットにタネまき用土を入れ、あらかじめ土を
湿らせておく（48ページ参照）。紙を二つ折りにし
てタネをのせ、竹ぐしなどで1ポットに2〜3粒ずつ
タネを落とす。

土をかける
タネが隠れる程度に薄く土をかける。明るい日陰で
乾かさないように管理する。1週間程度で発芽した
ら日なたに移し、土が乾いたら、目の細かいジョウ
ロで水をやる。

ポットに上げる
タネまきの4〜6週間後に、3〜3.5号（直径9〜
10.5cm）のポリポットに上げる。その後の作業の
タイミングは下の表を参照。

タネまき後の作業適期

春まき（3月中旬〜4月下旬）	
ポット上げ（3〜3.5号）	タネまきの4〜6週間後
鉢上げ（5号）	ポット上げの4〜6週間後
庭への植えつけ	9〜11月
秋まき（9月中旬〜10月上旬）	
ポット上げ（3〜3.5号）	タネまきの4〜6週間後
鉢上げ（5号）	ポット上げの3か月後〜
庭への植えつけ	3〜5月、9〜11月

5月

今月の主な作業

基本 鉢、庭への植えつけ
基本 植え替え
基本 マルチング
基本 花がら摘み、収穫、
　　花後剪定・枝すかし
トライ さし木

基本 基本の作業
トライ 中級・上級者向けの作業

5月のラベンダー

　1年のうちで原産地の気候に最も近く、ラベンダーにとってすごしやすい月です。店頭にも、さまざまなラベンダーのポット苗や鉢花が並びます。

　ストエカス系、デンタータ系、プテロストエカス系は、開花の最盛期を迎えます。アングスティフォリア系は小さな蕾が見え始め、下旬くらいから開花が始まります。新芽に害虫がつきやすいのでよく観察しましょう。

ストエカス系の大型種のロングセラー「マーシュウッド」。

主な作業

基本 鉢、庭への植えつけ

　4月に準じます（42〜43、46〜47ページ参照）。

基本 植え替え

　4月に準じます（44〜45ページ参照）。

基本 マルチング

　庭植えは周年マルチングをして栽培します。

基本 花がら摘み、収穫、花後剪定・枝すかし

花が終わったら早めに切り取る

　開花期の長いストエカス系は、花が終わった花穂から早めに切り取るか花茎ごと収穫して、株の消耗を防ぎます。

　株全体の花が終わったら、梅雨入り前までに剪定をして、枝をすかします。ストエカス系は、暑さに弱いほかの系統ほどは蒸れないので、張り出した枝や混み合った内側の枝を間引いて、樹形を整える程度にします。デンタータ系、プテロストエカス系も、同様に作業します。

トライ さし木

　4月に準じます（48〜50ページ参照）。

今月の管理

❄ 日当たりと風通しのよい戸外
💧 鉢植えは鉢を持って軽くなっていたら
   庭植えは自然にまかせる
🎴 追肥（ストエカス系以外は不要）
🐛 アブラムシ、ハダニなど

管理

🪴 鉢植えの場合

❄ **置き場：日当たりと風通しのよい戸外**

💧 **水やり：鉢が軽くなっていたら**

　鉢を持って軽くなっていたら午前中に与えます。過湿と水切れに注意して、乾かし気味に育てます。

🎴 **肥料：追肥**

　ストエカス系は、生育が緩慢なら水やりを兼ねて三要素等量の液体肥料を施します。

🌱 庭植えの場合

💧 **水やり：基本的には自然にまかせる**

　苗の植えつけ直後にたっぷり。以降は乾燥が続いたら水やりをします。

🎴 **肥料：追肥**

　ストエカス系は、生育が緩慢なら水やりを兼ねて三要素等量の液体肥料を施します。

🪴🌱 病害虫の防除

アブラムシ、ハダニなど

　防除法は41ページ参照。

Column

母の日のラベンダー

　最近はアングスティフォリア系の鉢花も、カーネーションやアジサイ、バラなどといっしょに、母の日のギフトとして店頭に並びます。これはとても画期的な光景です。

　ラベンダーは一定期間低温に当たることで休眠から覚め、長日下で花芽ができる性質があります。アングスティフォリア系は休眠から覚めるのが遅く、母の日に開花を合わせるには技術が必要でした。

　さまざまな改良の努力の結果、母の日に間に合う「アヴィニョン アーリーブルー」や「アロマティコ」などの早生種が誕生。現在これほど多くの種類が楽しめるのは、母の日のおかげなのです。

母の日のギフトにも人気の「アロマティコ」。

1月
2月
3月
4月

5月

6月
7月
8月
9月
10月
11月
12月

53

基本 花がら摘み（ストエカス系）

適期＝4月上旬〜6月下旬

咲き終わった花穂から早めに切り取って、株が疲れないようにする。

苞葉（ほうよう）ではなく花を見て判断する

　ストエカス系の花穂をよく見ると、小さな花が並んでいます。ウサギの耳のような部分は花ではなく苞葉です。花の部分を見て、古くなっていたり、咲き終わって茶色く枯れたりしていたら、苞葉が残っていても、早めに花穂を切り取ったほうが株が疲れません。

作業前

苞葉はまだきれいだが、よく見ると花は咲き終わっている。

花穂の元をたどり、葉のすぐ上からハサミで切り取る。

作業後

さみしくなる場合は、次の花が咲くまで1〜2輪残してもよい。

二番花も楽しめる

　早めに花がら摘みをして、株に体力が残っていると、葉のつけ根からわき芽が上がって、二番花が楽しめることがあります。一番花に比べると花は小さいですが、長期間観賞できます。

Column

一番花に比べると小ぶりな二番花。

基本 花後剪定・枝すかし（ストエカス系）

新しい花が上がらなくなったら、梅雨入りまでに切り戻す。

剪定前

NP-T.Narikiyo

花がひととおり咲き終わった株。梅雨前までに剪定を終わらせる。

剪定後

NP-T.Narikiyo

ストエカス系はさほど蒸れないので、不要な枝をすかして軽く樹形を整える程度でよい。

① 外側の枝を切り戻す

先に花がらを切り取る。樹形を見ながら、外側に張り出した枝を株元から1〜2芽残して切り戻す。

NP-T.Narikiyo

② 内側の枝をすかす

株の内側の混み合った枝を、元から切り取ってすかす。

③ 全体を切り戻す

元の樹形の高さの3分の2から2分の1を目安に切り戻して、ドーム状に樹形を整える。

NP-T.Narikiyo

ラベンダーは草ではなく木

苗のときは枝や葉が柔らかく、草花のような姿をしていますが、ラベンダーは草ではなく常緑性の低木です。

そのため、毎年春先に強剪定をして下から新芽を発生させないと、次第に下葉が落ちて枝が木質化し、盆栽のような樹木らしい姿になっていきます。

こうなると、こんもりとした樹形で観賞できなくなるだけでなく、収穫を楽しみたいアングスティフォリア系やラバンディン系は花の本数が減り、収穫量も少なくなってしまいます（38ページ参照）。

強剪定しないまま開花期を迎えてしまった場合は、その年の花はあきらめてでも、できるだけ早く仕立て直しをしたほうが、美しい樹形を長く維持することができます。

木質化した株

✕　　　　　　　　　NP-T.Narikiyo

下葉が落ち、下のほうが木質化したラバンディン系の「グロッソ」。こうなると下から新芽が吹かず、強剪定による樹形の仕立て直しは難しい。

剪定を忘れた株の仕立て直し

前年から剪定をしていない株を、強剪定して仕立て直す。

仕立て直し前

△　　　　　　　　　NP-T.Narikiyo

前年の花後の枝すかしと、春の強剪定を行わなかった「グロッソ」。株の下部から芽が出ているので仕立て直しは可能。蕾が上がっているが、できるだけ早く強剪定をして仕立て直す。

仕立て直し後

仕立て直した直後の株。前年や春に植え替えをしていない場合は、植え替えもする。

約1か月後。芽が伸び始めている。

約7か月後。下葉から充実したこんもりとした樹形に戻った。休眠に入り葉色がシルバーになっている。

1

芽の上で切り戻す

芽があるのを確認しながら、下から2芽以上残して1枝ずつハサミで切り戻す。

2

樹形を整える

ドーム状の樹形になるように、株の中央を高く、外側は低くする。

3

枝をすかす

株の内側の細い枝や枯れ込んだ枝を、元から切り取って間引く。

6月

基本 マルチング
基本 鉢への植えつけ
基本 花がら摘み、収穫、
　　　花後剪定・枝すかし
基本 収穫、枝すかし

基本 基本の作業
トライ 中級・上級者向けの作業

6月のラベンダー

　アングスティフォリア系の花が最盛期を迎え、気温の上昇とともに香りも強くなります。ラバンディン系も下旬から開花を始めます。梅雨入りすると、ラベンダーが苦手な長雨が続きます。早めに収穫を兼ねて枝すかしをして、蒸れを防ぎましょう。

　春から咲き続けていたストエカス系は、そろそろ終わりを迎えます。梅雨入り前に花後剪定と枝すかしをすませるのが理想です。

収穫期を迎えたアングスティフォリア系「アヴィニョン アーリーブルー」。

主な作業

基本 マルチング

減ったら補充する

　庭植えは周年マルチングをして栽培します。とくに梅雨どきは、泥はねを防いで病気を予防する効果があります。マルチング材が減っていたら梅雨入り前に補充します。

マルチング材は、分解されて土壌改良材にもなるバークチップがおすすめ。

基本 鉢への植えつけ

　4月に準じます（42〜43ページ参照）。

基本 花がら摘み、収穫、花後剪定・枝すかし

　ストエカス系は5月に準じます（54〜55ページ参照）。

今月の管理

❄ 日当たりと風通しのよい戸外
　鉢植えは雨を避ける

💧 鉢植えは鉢を持って軽くなっていたら
　庭植えは自然にまかせる

🌱 不要

🐛 アブラムシ、ハダニなど

基本 収穫、枝すかし

花が5～6輪咲いたら収穫する

　アングスティフォリア系は、花を満開まで咲かせると香りが弱くなったり、花色があせたりするうえに、ドライにしたときに開花後の萼がぽろぽろ落ちて、クラフトなどに利用しにくくなります。花が5～6輪咲いたところで収穫して、全体をすかしましょう。早めの収穫は、蒸れを防ぐ効果もあります。

アングスティフォリア系の収穫のタイミング

アングスティフォリア系は花が5～6輪咲いたところで早めに収穫する。写真は「アロマティコ」。7月ごろから収穫が始まるラバンディン系も同様。

管理

🪴 鉢植えの場合

❄ **置き場：日当たりと風通しのよい戸外**
　梅雨入りしたら、雨の当たらない場所に移動させます。

💧 **水やり：鉢が軽くなっていたら**
　鉢を持って軽くなっていたら午前中に与えます。過湿と水切れに注意します。

🌱 **肥料：不要**

🌱 庭植えの場合

💧 **水やり：基本的には自然にまかせる**

🌱 **肥料：不要**

🪴🌱 病害虫の防除

アブラムシ、ハダニなど
　防除法は41ページ参照。

開花前
筒状の蕾が開く前に収穫すると香りが弱い。

× 花→

5～6輪開花
収穫のベストタイミング。ドライにしても蕾や開花後の萼が落ちにくい。

×

満開
ドライにすると、開花後の萼がぽろぽろ落ちてしまう。

基本 収穫と枝すかし

適期＝6月（アングスティフォリア系）、
7月上旬〜8月上旬（ラバンディン系）

早めに収穫を兼ねて枝すかしをして蒸れを防ぐ。

鉢植え

作業前

NP-T.Narikiyo

収穫適期を迎えた「シャインブルー」。

作業後

NP-T.Narikiyo

風通しがよくなった。梅雨どきと夏の蒸れを防ぐ効果がある。

二番花

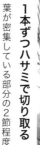

1 1本ずつハサミで切り取る

葉が密集している部分の2節程度上で、1本ずつハサミで切り取って収穫する。

NP-T.Narikiyo

2 花をすべて収穫したところ

葉のつけ根に二番花（1参照）が見えていても、一番花の収穫と枝すかしを優先する。

NP-T.Narikiyo

3 間引き剪定ですかす

株元の芽を残して、全体的に枝を間引く。元のボリュームの4分の1が目安。

NP-T.Narikiyo

NP-T.Narikiyo

庭植え

作業前

収穫適期の「パープルマウンテン」。

作業後

収穫と、梅雨・夏越し対策の枝すかしをしたところ。

葉の上で1本ずつ切り取る
鉢植えと同じ要領で、葉が密集している部分の2節程度上で、1本ずつ収穫する。

2

収穫を終えたところ
花をすべて収穫したところ。

3

枝を間引いてすかす
元のボリュームの4分の1を目安に、株元の芽を残しながら全体的に枝を間引く。

4

横に張り出した枝を切り取る
地面に近い枝を元から切り取って、株元の風通しをよくする。

1月
2月
3月
4月
5月
6月
7月
8月
9月
10月
11月
12月

61

ラベンダーの利用法

ラベンダーは、ガーデニングの素材としてだけでなく、暮らしの中で広く利用できるのが魅力です。手をかけずに、簡単に香りが楽しめる利用法を紹介します。

NP-T.Narikiyo

長く香りを楽しむ ドライブーケ

ドライ

おすすめの系統：アングスティフォリア系、ラバンディン系

香りを長く楽しむなら、ドライがおすすめです。収穫してすぐに花穂をそろえてブーケにし、室内の風通しのよい場所に逆さに吊るして乾燥させます。ほかのハーブを混ぜても楽しめます。

車の芳香剤にも。 簡単ドライ法

ブーケの即席乾燥におすすめなのが、駐車中の自動車の車内です。天気がよければ3日程度でドライになります。室内で乾燥させるよりも時間が短縮でき、車内の芳香剤にもなります。

NP-T.Narikiyo

ブーケにしてミラーなどに下げておく。

天然の入浴剤　ハーバルバス

フレッシュ　　ドライ

おすすめの系統：アングスティフォリア系、ラバンディン系、ストエカス系など

NP-T.Narikiyo

ラベンダーの香りはストレスを和らげ、安眠を誘う効果があると
いわれます。フレッシュな花や枝葉、ドライにした蕾や萼をガー
ゼなどの布で包んだり、キッチン用の水切りネットなどに入れ、
お風呂やフットバスなどに浮かべます。

バーベキューの食後に
虫除けスモーク

`フレッシュ`　`ドライ`

おすすめの系統：
アングスティフォリア系、ラバンディン系、
ストエカス系など

バーベキューを楽しんだあと、まだ
火が残っている炭の上にラベンダー
をのせると、煙が蚊取り線香の代わ
りになります。古くなったドライブー
ケの処分を兼ねてもよいでしょう。

NP·T.Narikiyo

NP·T.Narikiyo

ヨーロッパの伝統
ストローイングハーブ

`フレッシュ`　`ドライ`

おすすめの系統：
アングスティフォリア系、ラバンディン系、
ストエカス系など

中世ヨーロッパでは香りを楽しむだ
けでなく、ペストの予防や防虫を期
待して玄関や床にハーブを敷き、そ
の上を歩いたそうです。家屋やトイ
レの入り口にラベンダーを箱などに
入れて置き、靴やスリッパで踏むと、
立ち上がる香りが楽しめます。

洗濯物に
ラベンダーの香りを移す

　イギリスの家庭では、洗濯物をラベンダーの上に広げて、香りを移す利用の仕方が日常的に行われています。

　梨木香歩さんの小説『西の魔女が死んだ』にも、イギリス出身の祖母が、主人公の孫と一緒にシーツを庭のラベンダーの上に干すシーンが出てきます。2008年に映画化された際には清里（山梨県）でロケが行われ、著者がセットの庭、ハーブガーデンの植栽を担当しました。

　大きな庭でないとシーツを干すのは難しいですが、ハンカチや枕カバーなら、ベランダの鉢植えのラベンダーでも楽しめます。晴れた日に試してみてください。洗濯物からふわっとラベンダーの香りが漂います。

T.Geji

セットの建物の前庭に植えた「グロッソ」。上にシーツを広げて干している。

基本 基本の作業
トライ 中級・上級者向けの作業

7月・8月のラベンダー

　アングスティフォリア系と入れ替わるように、比較的暑さに強いラバンディン系が開花期と収穫期を迎えます。

　ラベンダーは梅雨だけでなく、高温多湿の日本の夏も苦手です。特に暑さに弱いアングスティフォリア系は、梅雨が明けたら鉢植えは明るい日陰に移し、庭植えは日よけなどをして、地温の上昇と蒸れを防ぎましょう。

ラバンディン系のなかでも開花が遅い「プロバンス」。7月上旬ごろから咲き始める。

主な作業

基本 マルチング

夏越しに有効

　庭植えは周年マルチングをして栽培します。梅雨どきは泥はね防止、梅雨明け後は地温の上昇、乾燥、雑草を防ぐ効果があります（58ページ参照）。

基本 収穫、枝すかし

花が2〜3段咲いたら収穫する

　ラバンディン系は、花が2〜3段咲いたら、アングスティフォリア系と同じ要領で早めに収穫と枝すかしをします。方法は60〜61ページを参照してください。

収穫と枝すかしをした「スーパー」。

今月の管理

☀ 梅雨明け後は西日の当たらない風通しのよい戸外
💧 梅雨明け後は鉢土の表面が乾いたら
早朝か夕方にたっぷり。庭植えは自然にまかせる
🔲 不要
🐛 アブラムシ、ハダニなど

管理

🪴 鉢植えの場合

☀ **置き場：西日の当たらない戸外**

　梅雨が明けたら、西日の当たらない場所に移動させるか、日よけをします。最近の猛暑で、耐暑性があるといわれているラバンディン系も、暑さで枯れてしまうことがあります。猛暑が続く場合はラバンディン系も移動させるか日よけをして、鉢土の温度が上がらないようにします。

💧 **水やり：鉢土の表面が乾いたら**

　梅雨明け後は鉢土の表面が乾いたら、気温が高くなる前の早朝か、夕方にたっぷり水をやります。夕方、鉢の周囲に打ち水をすると、気化熱の働きで涼しくなります。

🔲 **肥料：不要**

🌿 庭植えの場合

◯ **夏越し：日よけをして西日を避ける**

　梅雨明け後、午後に直射日光が当たる場合は、よしずや遮光ネット、ガーデンターフなどを使用して日よけをします。68～69ページ参照。

💧 **水やり：自然にまかせる**

🔲 **肥料：不要**

🪴🌿 病害虫の防除

アブラムシ、ハダニなど

　防除法は41ページ参照。

Column

蜜源植物としての利用

　ラベンダーは養蜂のためのハチを呼ぶ蜜源植物としても利用されます。
　また、バラ科の果樹やイチゴなどの近くに開花期の近いストエカス系、夏の果菜類の近くにアングスティフォリア系、ラバンディン系などを植えると、ハチが集まって受粉を助けてくれます。

NP・T.Maki

ヨーロッパではラベンダーハチミツも人気。ニホンミツバチと違って、セイヨウミツバチは特定の花から蜜を集めるので単花蜜になる。

☀ 夏越しの工夫

鉢植え　鉢を床面から離し、下を風が通るようにして、鉢の中の温度が上がらないようにする。午後に直射日光が当たる場所では日よけもする。

鉢の下にすのこや レンガを敷く

すのこやレンガを使って、床面から少し離すだけでも効果がある。鉢を地面に直接置かないことが基本だが、特に夏は地面から離すほどよい。ただし、乾燥しやすくなるので水切れに注意する。

午後の光を遮る

立ち上がりのあるベランダでは、スタンドなどにのせて午前中の光と風通しを確保する。午後に直射日光が当たる場合は、ガーデンターフや遮光ネット（遮光率40%）などで日よけをして温度を下げる。

アングスティフォリア系を枯らしてしまう一番の原因は、夏の暑さと蒸れ。
日よけをして温度を下げ、できるだけ風通しのよい環境を心がける。

庭植え　庭植えのアングスティフォリア系も、午後の直射日光が当たる場合は、環境に合わせて日よけの工夫をして、できるだけ涼しくすごせるようにする。ラバンディン系も、猛暑が続く場合は日よけをするとよい。

よしずなどで日よけをする

小さい花壇は、通気性がよいよしずを立てたり、ガーデンターフなどを張ったりして、西日を避ける。

遮光ネットを張る

列植した庭植えは、野菜用の雨よけ支柱などを立て、午後の強い西日が当たらないように遮光ネット（遮光率40%）で覆う。通気性を確保するため、株から1.5m程度ネットを離す。9月上旬になったら、徒長と蒸れを防ぐためにネットを外す。

September

9 月

今月の主な作業

- 基本 マルチング
- 基本 植えつけ、植え替え
- トライ さし木
- トライ タネまき
- トライ 移植

基本 基本の作業

トライ 中級・上級者向けの作業

9月のラベンダー

夏の間は暑さで弱っていた株も、お彼岸をすぎて夜温が下がってくると、元気を取り戻します。中旬以降から、秋の植えつけ、植え替えができます。アングスティフォリア系、ラバンディン系は、春よりも秋の植えつけのほうがおすすめです。

下旬になると、二季咲き性の一部のアングスティフォリア系、四季咲き性のプテロストエカス系などの秋の花が咲き始めます。

お彼岸までは暑さが続く。写真は無事に夏を越したアングスティフォリア系の「パープルマウンテン」。

主な作業

基本 マルチング

庭植えは周年マルチングをします。

基本 植えつけ、植え替え

暑さがひと段落したら作業する

中旬すぎから、秋に流通するポット苗や鉢花、春から鉢で養生していた株、春にさし木やタネまきをした苗の植えつけ、植え替えができます。花がついていたら、切り落として植えつけたほうが、翌年の花数が多くなります。手順は春と同じです（42〜47ページ参照）。

トライ さし木

4月に準じます（48〜50ページ参照）。

トライ タネまき

4月に準じます（51ページ参照）。

トライ 移植

春に根切りをした株を掘り上げる

移植は根を切るので、夜温が下がり、株が体力を回復してから作業しましょう。3月に根切りをした株（39ページ参照）は中旬以降に掘り上げて、移植先に植えつけます。3年未満の若い株は、なるべく根を切らないように大きく掘り起こせば、根切りせずに移植できます。

今月の管理

- ☀ 日当たりと風通しのよい戸外
- 💧 鉢植えは鉢土の表面が乾いたら
  庭植えは自然にまかせる
- 🎲 追肥
- 🐛 アブラムシ、ハダニなど

管理

🪴 鉢植えの場合

☀ 置き場：日なたに鉢を戻す

暑さがおさまったら、日当たりと風通しのよい場所に鉢を戻します。

💧 水やり：鉢土の表面が乾いたら

鉢土の表面が乾いたら、気温が高くなる前の早朝か、夕方にたっぷり水を与えます。

🎲 肥料：追肥をする

緩効性化成肥料を秋に1回、規定量よりやや少なめに施します。

鉢植えは、鉢の縁に置き肥する。ラベンダーはもともとやせ地で育つので、肥料は規定量より少なめでよい。

NP-T.Narikiyo

🌱 庭植えの場合

⭕ 日よけの片づけ

上旬になったら、よしずや遮光ネット、ガーデンターフなどの日よけを外します。

💧 水やり：基本的には自然にまかせる

🎲 肥料：追肥

緩効性化成肥料を秋に1回、規定量よりやや少なめに施します。

🪴🌱 病害虫の防除

アブラムシ、ハダニなど

防除法は41ページ参照。

Column

ラベンダーの秋の花

最近は、秋も咲くアングスティフォリア系の二季咲き性の種類もあります。改良によって、低温に当たらなくても花芽分化する性質を持たせているためです。

四季咲き性の系統も秋に咲きますが、春より秋の花のほうが小さく香りも弱くなります。真夏や真冬はあまり開花しません。

アングスティフォリア系「イレーネドイル」の秋の花。

E.Yajima

1月
2月
3月
4月
5月
6月
7月
8月

9月

10月
11月
12月

71

⟨トライ⟩ 庭植えの株の移植

株が大きくなりすぎたりして、
別の場所に移植したい場合、
植えつけて3年すぎた株は、
3月に根切りをしておくと
ダメージが少ない。

移植先の土壌改良をする

3月に根切りをした「グロッソ」(39ページ参照)。
秋までそのまま栽培し、細かい根を発生させておい
た。秋に掘り上げて移植する。

用意するもの
苦土石灰
　200〜300g（1㎡当たり）
バーク堆肥または腐葉土
　10〜15ℓ（1㎡当たり）
牛ふん堆肥などの動物性堆肥
　10〜15ℓ（1㎡当たり）
元肥（規定量よりやや少なめの緩効性化成肥料※）
バークチップ
スコップ　など

※リン酸分が多い小粒〜中粒

① 土をよく耕す
移植先の雑草などを取り除いておく。スコップで土
の上下を返しながら、直径1m、深さ30cmくらいの
範囲をよく耕す。

② 土壌改良材を入れる
苦土石灰、バーク堆肥（または腐葉土）、牛ふん堆
肥を投入し、スコップでよく土にすき込む。

③ 元肥を混ぜる
元肥を全体にばらまき、土によく混ぜる。

株を移植する

株を掘り上げる
根切りをしておいた株の周囲と底にスコップの刃を
さし、根鉢の下にスコップを入れて持ち上げる。

植え穴を掘る
移植先に1の株を運び、根鉢より一回り大きな植え
穴を掘る。

高さを確認する
高植え（46ページ参照）になるように少し土を埋
め戻し、植え穴に株を置いて高さを見る。根鉢の表
面が、土の上に10cm程度出るように調整する。

たっぷり水を注ぐ
根鉢の周囲に溝を掘って水鉢をつくる。水鉢にたっ
ぷり水を注ぐ。

土を寄せる
周囲の土を寄せて水鉢を埋める。

マルチングをする
株の周囲にバークチップでマルチングをして作業
終了。

73

10月

- 基本 マルチング
- 基本 植えつけ、植え替え
- 基本 台風対策
- トライ さし木
- トライ タネまき
- トライ 移植

基本 基本の作業
トライ 中級・上級者向けの作業

10月のラベンダー

　秋が深まるにつれて徐々に気温が下がり、寒さに強いラベンダーにとってはすごしやすい季節になります。花はなくても、生き生きとした常緑性のグリーンやシルバーの葉が秋空に映えます。

　ガーデンセンターのハーブコーナーに各種ラベンダーのポット苗が並び、アングスティフォリア系の二季咲き性の一部の種類、四季咲き性のデンタータ系、プテロストエカス系は、開花株も流通します。

デンタータラベンダーの秋の花。葉も美しく、花壇や外構の植栽にも重宝する。

主な作業

基本 マルチング

　庭植えは周年マルチングをして栽培します（58ページ参照）。

基本 植えつけ、植え替え

　4月と9月に準じます（42〜47、70ページ参照）。

秋は、春と初夏に次いで状態のよい苗が出回り、品種の数も豊富。植えつけの適期でもあるので、新しいラベンダーをふやすチャンス。

基本 台風対策

水が停滞しないようにする

　鉢植えは、台風が来る前に雨の当たらない軒下や室内に一時的に鉢を取り込みましょう。

　庭に水がたまりやすい場合は、台風の前に周囲に溝を掘って、水の通り道

今月の管理

- 日当たりと風通しのよい戸外
- 鉢植えは鉢を持って軽くなっていたら 庭植えは自然にまかせる
- 追肥
- アブラムシ、ハダニなど

をつくっておきます。

　台風が通過したあと、強風で折れた枝があれば、剪定して枝をすかします。塩害には比較的強いですが、泥がはねて汚れていたら、株全体に水をかけて洗い流します。

トライ さし木

　4月に準じます（48～50ページ参照）。

トライ タネまき

　4月に準じます（51ページ参照）。

トライ 移植

　9月に準じます（72～73ページ参照）。

収穫後にしっかり枝すかしをしておくと、秋にこんもりとした美しい樹形が楽しめる。写真のラバンディン系「グロッソ」は、生育がよければ2年目以降は株張りが80～100cmになるので、植えつけるときに株間を十分に取る。

管理

🪣 鉢植えの場合

置き場：日当たりと風通しのよい戸外

水やり：鉢が軽くなっていたら

　鉢を持って軽くなっていたら、午前中に与えます。過湿と水切れに注意します。

肥料：追肥

　緩効性化成肥料を秋に1回、規定量よりやや少なめに施します。9月に追肥をしていなければ今月施します。

🏠 庭植えの場合

水やり：基本的には自然にまかせる

肥料：追肥

　緩効性化成肥料を秋に1回、規定量よりやや少なめに施します。9月に追肥をしていなければ今月施します。

🪣🏠 病害虫の防除

アブラムシ、ハダニなど

　防除法は41ページ参照。

今月の主な作業

基本 マルチング

基本 植えつけ、植え替え

基本 防寒

基本 基本の作業

トライ 中級・上級者向けの作業

11月・12月のラベンダー

秋の紅葉が終わるといよいよ冬。耐寒性のあるアングスティフォリア系、ラバンディン系は、気温の低下とともに葉色が緑色からシルバーに変わり、12月上旬から2月末まで休眠します。

ストエカス系、デンタータ系、プテロストエカス系は、最低気温が耐寒温度を下回る地域は室内に取り込みましょう。プテロストエカス系は温度があれば長く開花を続け、室内で冬の鉢花としても楽しめます。

葉色が緑からシルバーに変わり始めたラバンディン系「グロッソ」。寒さに強く戸外で冬越しする。

主な作業

基本 マルチング

減っていたら補充する

バークチップが分解されて減っていたら補充します。

基本 植えつけ、植え替え

冬前に作業を終える

11月中旬まで作業できます。方法は4月と9月に準じます（42〜47、70ページ参照）。

基本 防寒

庭植えの株に不織布をかける

12月中旬を過ぎたら、庭植えのアングスティフォリア系、ラバンディン系に不織布などをかけて寒風を避けると、翌春の芽吹きがよくなります（34ページ参照）。

鉢植えのプテロストエカス系は最低気温が0℃、ストエカス系とデンタータ系はマイナス5℃を下回る前に室内に取り込みます。

今月の管理

- ☀ 寒風の当たらない明るい軒下か室内
- 💧 鉢植えは回数を減らして控えめに
  庭植えは乾燥した日が 2 週間続いたら
- 🧩 不要
- 🐛 アブラムシ、ハダニなど (室内)

1月	

1月
2月
3月
4月
5月
6月
7月
8月
9月
10月

11月

12月

管理

🪴 鉢植えの場合

☀ 置き場：寒風の当たらない日なた

軒下などの寒風の当たらない戸外の日なた。室内に取り込む場合は、半日

程度光が当たる明るい窓辺など。暖房の温風が直接当たらないようにします。

1日4〜6時間光が当たる明るい窓辺が理想。

E.Yajima

💧 水やり：回数を減らして控えめに

気温の低下とともに乾きが遅くなるので、鉢を持って軽くなっていたら、午前中に与えます。乾燥による水切れに注意しながら、少しずつ水やりを控えて乾かし気味に管理します。

🧩 肥料：不要

🏠 庭植えの場合

💧 水やり：乾燥した日が 2 週間続いたら

1・2月に準じます（35ページ参照）。

🧩 肥料：不要

🐛🏠 病害虫の防除

アブラムシ、ハダニなど

室内に取り込んだ鉢植えは、温度が高く乾燥していると、アブラムシやハダニなどが発生することがあります。防除法は41ページ参照。

Column

ドライラベンダーのティー

ラベンダーティーには、ストレスを和らげ、安眠を誘う効果があるといわれています。

ドライにしたアングスティフォリア系、ラバンディン系の蕾や萼を密閉して冷暗所で保管しておけば、寒い冬に自家製の香り豊かなラベンダーティーが楽しめます。

つくり方は、1杯につきティースプーン1杯のドライラベンダーをポットに入れ、熱湯を注いでからフタをして、3〜5分間蒸らします。

ハチミツを加えたり、紅茶とブレンドしても楽しめます。

E.Yajima

淡いピンク色のティー。すっきりとした清涼感がある。

77

植栽プラン

ラベンダーを主役にした植栽プランの例。テーマを決めてほかの
ハーブ類と合わせると、楽しみの幅が広がります。ハーブ類はラベ
ンダーと同様に、日なたと乾燥気味の環境を好むものを中心にする
と、管理がしやすくなります。

ヒーリングガーデン

体に触れたときやそよ風でふわりと香りが立ち上がる。

寒冷地〜中間地の場合

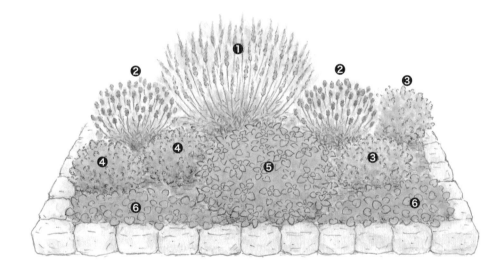

❶ ラベンダー（ラバンディン系「グロッソ」）　　❹ コモンタイム
❷ ラベンダー（アングスティフォリア系）　　❺ レモンバーム
❸ レモンタイム　　❻ スイートバイオレット（ニオイスミレ）
➡ 平面図は82ページ

暖地～中間地の場合

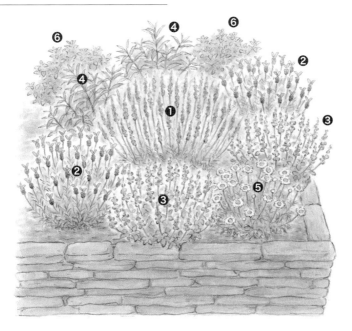

❶ ラベンダー（ラバンディン系「グロッソ」）　❹ レモンバーベナ
❷ ラベンダー（ストエカス系）　❺ ローマンカモミール
❸ ブルーキャットミント　❻ スペアミント

➡ 平面図は 82 ページ

　玄関や駐車場の脇、道路沿いなど、人の出入りがあるところにラベンダーと好みの香りのハーブ類を植えます。

　寒冷地～中間地では、耐寒性の強いアングスティフォリア系、ラバンディン系を主役にします。タイムは料理にも利用できます。レモンバームはお茶に、スイートバイオレットは砂糖漬けなどのエディブルフラワーにも。

　暖地～中間地では、暑さに強いスト

エカス系やラバンディン系を。レモンバーベナはポプリやハーブティー、ローマンカモミールとスペアミントはハーブティーに利用できます。

　原産地が地中海沿岸地方のハーブ類は、日本の高温多湿が苦手なものもあります。暖地ではレイズドベッドを高くするほど蒸れ対策になります。さらに、こまめな収穫と枝すかしで風通しをよくしましょう。

キッチンガーデン

ラベンダーに、料理によく利用する好みのハーブ類を合わせる。

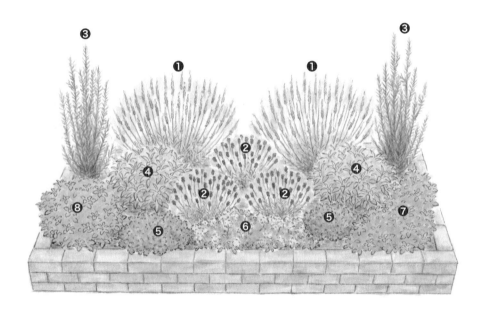

❶ ラベンダー（ラバンディン系「グロッソ」）
❷ ラベンダー（アングスティフォリア系）
❸ ローズマリー（立ち性）
❹ コモンセージ

❺ コモンタイム
❻ マジョラム
❼ スペアミント
❽ ペパーミント

➡ 平面図は 83 ページ

　ラベンダーの系統選びは、ヒーリングガーデン（78〜79 ページ参照）と同様です。アングスティフォリア系、ラバンディン系は、ドライをティーに利用できます（77 ページ参照）。

　収穫しやすいように、奥に樹高の高い植物、手前に低い植物を配置します。

　6〜8 月の高温多湿期は、株元の枝を整理して風通しよく管理しましょう。

　キッチンハーブ類は、収穫を兼ねてこまめに切り戻せば新鮮な新芽を収穫することができ、姿も整います。ミント類は繁茂するので、開花後に刈り込んでタネがこぼれないようにします。

防虫ガーデン

フレッシュな香りに虫除けの効果。ドライにして二次利用もできる。

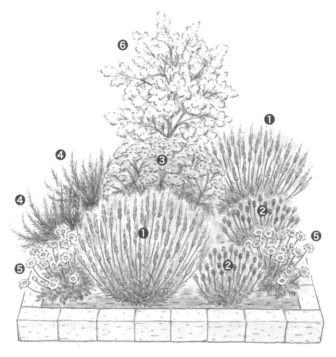

❶ ラベンダー（ラバンディン系「グロッソ」）　　❹ ローズマリー（半匍匐性）
❷ ラベンダー（アングスティフォリア系）　　❺ シロバナムシヨケギク（除虫菊）
❸ タンジー　　❻ ティーツリー

➡ 平面図は 83 ページ

　　ラベンダーに虫除け効果のあるハーブ類を合わせます。ラベンダーの系統選びは、ヒーリングガーデン（78〜79 ページ参照）と同様です。
　　完全に虫がこなくなるわけではないので、収穫した花や葉をドライにして部屋に吊るしたり、ポプリにしてタンスに入れたり、絨毯の下に敷いたりするなど、二次的な利用も楽しみましょう。ペニーロイヤルミント、ローズゼラニウム、レモングラスなどもおすすめです。耐寒性のやや弱いティーツリー、ローズゼラニウム、レモングラスは冬越しに注意します。

ヒーリングガーデン

寒冷地～中間地

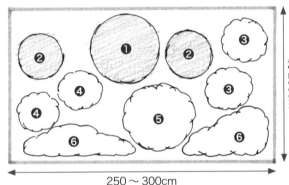

250 ～ 300cm

約 200cm

❶ ラベンダー
（ラバンディン系「グロッソ」）
樹高 80 ～ 100cm
❷ ラベンダー
（アングスティフォリア系）
樹高 35 ～ 60cm
❸ レモンタイム
樹高 10 ～ 30cm
❹ コモンタイム
樹高 20 ～ 40cm
❺ レモンバーム
草丈 30 ～ 60cm
❻ スイートバイオレット
（ニオイスミレ）
草丈 15 ～ 20cm
➡ 立体図は 78 ページ

暖地～中間地

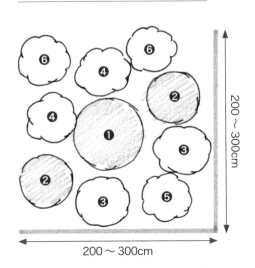

200 ～ 300cm

200 ～ 300cm

❶ ラベンダー
（ラバンディン系「グロッソ」）
樹高 80 ～ 100cm
❷ ラベンダー（ストエカス系）
樹高 40 ～ 60cm
❸ ブルーキャットミント
草丈 40 ～ 60cm
❹ レモンバーベナ
樹高 60 ～ 150cm
❺ ローマンカモミール
草丈 40 ～ 80cm
❻ スペアミント
草丈 30 ～ 100cm
➡ 立体図は 79 ページ

キッチンガーデン

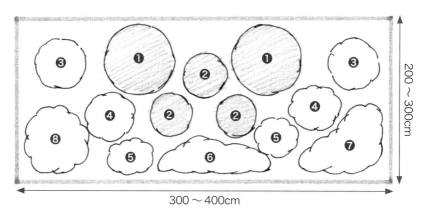

200 〜 300cm

300 〜 400cm

❶ ラベンダー（ラバンディン系「グロッソ」）
　樹高 80 〜 100cm
❷ ラベンダー（アングスティフォリア系）
　樹高 35 〜 60cm
❸ ローズマリー（立ち性）　樹高約 150cm
❹ コモンセージ　樹高約 50 〜 60cm
❺ コモンタイム　樹高 20 〜 40cm
❻ マジョラム　草丈 20 〜 40cm
❼ スペアミント　草丈 30 〜 100cm
❽ ペパーミント　草丈 30 〜 90cm

➡ 立体図は 80 ページ

防虫ガーデン

❶ ラベンダー
　（ラバンディン系「グロッソ」）
　樹高 80 〜 100cm
❷ ラベンダー（アングスティフォリア系）
　樹高 35 〜 60cm
❸ タンジー
　草丈 80 〜 120cm
❹ ローズマリー（半匍匐性）
　樹高 30 〜 80cm
❺ シロバナムシヨケギク（除虫菊）
　草丈 30 〜 60cm
❻ ティーツリー
　樹高約 200cm

➡ 立体図は 81 ページ

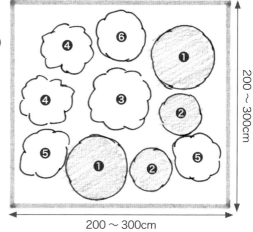

200 〜 300cm

200 〜 300cm

栽培を始めるときには

苗の入手

春から初夏と秋に苗の流通量が多い

　ポット苗の入手は春から初夏と秋がおすすめです。流通量が最も多いのは3〜5月です。系統、種類が豊富にそろい、状態のよい苗が入手できます。春や初夏ほどではありませんが、秋もポット苗が出回ります。

　5月の母の日前後には、開花株の鉢花も店頭に並びます。秋から冬にかけて、秋にも咲く種類（二季咲き性、四季咲き性）の開花株も流通します。

鉢植えのラベンダー
どの系統も鉢でも楽しめる。耐寒性の弱いプテロストエカス系（写真）は、暖地以外では鉢栽培にして、冬は室内に取り込む。

よい苗の見分け方

節間の詰まった株を選ぶ

　苗は、節間（せっかん）の詰まった株を選ぶのがポイントです。同じ種類なら、徒長した樹高の高い株よりも、がっしりと締まった株を選びましょう。

　開花株は、花を見て選べる点がメリットです。花が咲いていない若い苗は、ラベルの写真などで確認してください。

葉にも注目してみよう

　花だけでなく、常緑性の葉にも注目してみましょう。ラベンダーの葉は系統や種類によって、さまざまな葉の色や形があります。最近は、美しい斑入り葉タイプも登場し、花のない季節はリーフプランツとして楽しめます。

系統と種類の選び方

系統ごとの性質を把握する

　ラベンダーにはさまざまな系統があります。はじめに、耐暑性、耐寒性、開花期、利用法など、系統ごとの性質や特徴を理解しましょう。

　栽培する地域に適した系統を選ぶのが理想ですが、暑さが苦手なアングスティフォリア系を中間地、暖地で栽培したい場合は、レイズドベッドをできるだけ高くしたり、夏越ししやすい鉢

栽培にするなど、性質に合わせて栽培や環境づくりの工夫をすることで、失敗を減らすこともできます。

主な系統の特徴や利用法は 8 〜 13 ページと 86 〜 87 ページの早見表を、種類選びは 14 〜 30 ページを参考にしてください。

苗の植えつけ

二回り大きな鉢に植えつける

ポット苗を購入したら、すぐに二回り程度大きな鉢に植えつけます。庭に植えたい場合も、春から初夏に苗を購入した場合は、秋まで鉢で育ててから植えつけると、夏の暑さで枯らしてしまうリスクが減ります。秋に苗を購入した場合は、すぐに庭に植えつけることができますが、寒冷地では翌春に植えつけます。

耐寒性の弱い系統は鉢植えに

プテロストエカス系を毎年咲かせたいなら、暖地以外では鉢で育てて、冬は室内に取り込みます。ストエカス系、デンタータ系も、冬に最低気温がマイナス5℃を切る地域では鉢栽培にして、室内で冬越しさせます。

株の更新

5 〜 6 年で新しい株に取り替える

ラベンダーは常緑性の低木のため、毎年剪定をしていても、数年たつと枝が木質化します。花数も減ってくるので、5 〜 6 年したら割り切って新しい株に取り替えましょう。

お気に入りの株は、さし木をして新しい苗をつくっておくと、同じ性質の株を継続して楽しむことができます（48 〜 50 ページ参照）。

庭植えのラベンダー
耐暑性の弱いアングスティフォリア系（写真）の苗を春に購入した場合は、鉢で夏越しして秋に庭に植えつけると、暑さによるダメージが少ない。

系統別早見表

系統別の性質、特徴を一覧表にまとめました。地域や目的などに合わせて系統を選ぶ際の参考にしてください。

系　統	アングスティフォリア系	ラバンディン系	
一般名 流通名	コモンラベンダー、 イングリッシュラベンダー、 トゥルーラベンダー、 真正ラベンダー	ラバンディン	
開花期	5月下旬〜6月下旬 （9月上旬〜11月下旬）	6月下旬〜8月上旬	
早晩性	早生	晩生	
香　り	とても強い	強い	
栽培適地	高冷地・寒冷地	中間地	
耐暑性	弱い	やや強い	
耐寒性	強い（約−15〜−20℃）	強い（約−10〜−15℃）	
樹高／株張りの目安	35〜60cm／40〜70cm	80〜100cm／80〜100cm	
特徴と栽培の ポイント	最もラベンダーらしい香り。高品質の精油がとれる。高温多湿に弱く、暖地では鉢栽培がよい。一季咲き性だが、二季咲き性、四季咲き性の種類も少しある。	カンファー（樟脳）の強い香り。精油の大量生産向き。アングスティフォリア系より耐暑性がある。中間地で庭植えもできるが、大株になるので植える場所を選ぶ。	
利用法	香りも花色も残りドライやクラフトに向く。切り花、ポプリ、リース、サシェ、押し花、ラベンダースティック、ハーバルバス、石けん、リンス、ティーなど。	花色はあまり残らないが香りは残る。花穂と花茎が長くドライやクラフトに向く。ラベンダースティックには最も適している。切り花、リース、ハーバルバスなど。	
代表的な種類	アロマティコ（二季咲き性） ヒッドコート シャインブルー センティヴィア（二季咲き性）など	グロッソ プロバンス ラージホワイト アラビアンナイトなど	
参照ページ	9、14〜18ページ	10、19〜21ページ	

	ストエカス系	デンタータ系	プテロストエカス系
	フレンチラベンダー、スパニッシュラベンダー	フリンジラベンダー	レースラベンダー、ファーンラベンダー
	3月下旬〜6月下旬 ※温度があれば夏以外開花	4月下旬〜6月、10〜12月 ※温度があれば夏以外開花	3月〜7月、9月下旬〜12月 ※温度があれば夏以外開花
	早生	早生	早生
	弱い	弱い	弱い
	中間地〜暖地	中間地〜暖地	暖地
	強い	強い	普通
	やや弱い（約−5℃）	やや弱い（約−5℃）	弱い（約0℃）
	40〜60cm／40〜80cm	80〜100cm／60〜80cm	30〜150cm／30〜80cm
	ウサギの耳のようなかわいらしい苞葉が、庭や鉢植えのアクセントになる。香りはあるが、アングスティフォリア系ほど強くない。暑さや蒸れに比較的強く栽培も容易。	四季咲き性で開花期間が長く、関東地方以西では生け垣などにしても楽しめる。年数がたつと大株になる。	庭植えもできるが、冬に最低気温が0℃を下回る地域では鉢植えにして、冬は室内に取り込む。四季咲き性で10℃以上あれば冬も開花する。
	収穫後は花色や形が悪くなるので、ドライやクラフトより観賞用に向く。観賞期間が長く、鉢花、寄せ植え、花壇まで用途が広い。切り花にもできるが水あげが悪い。	収穫後は花色や形が悪くなるので、ドライやクラフトより、鉢花、寄せ植え、花壇などの観賞用に向く。リース、押し花など。	鉢花、寄せ植え、花壇、切り花など。収穫後は花色や形が悪くなるのでドライやクラフトには向かない。押し花、押し葉など。
	アボンビュー マーシュウッド キューレッド キャリコなど	デンタータラベンダー	ムルティフィダラベンダー、ピナータラベンダー、カナリーラベンダーなど
	11、22〜26ページ	12、27ページ	13、28ページ

栽培の用土と鉢、肥料

適した用土

ラベンダーは粒状の用土が多い、水はけのよい土を好みます。市販の草花用培養土（元肥入り）で栽培できますが、ピートモスなどの有機物が多い場合は、パーライトを1割程度加えて水はけを改良しましょう。元肥の追加は不要です。

自分で配合する場合は、赤玉土、腐葉土またはバーク堆肥、鹿沼土、パーライト、ピートモスを混ぜた配合土に、元肥（規定量よりやや少なめの緩効性化成肥料）を加えます（下記参照）。

市販の草花用培養土の場合

NP-T.Narikiyo　　　NP-T.Narikiyo

市販の草花用　　　　　パーライト
培養土

自分で配合する場合

赤玉土4（大粒1、小粒3）、腐葉土またはバーク堆肥3、鹿沼土小粒1、パーライト1、ピートモス（酸度調整済）1の割合で配合した土に、規定量よりやや少なめに緩効性化成肥料（N-P-K=6-40-6など）を加える。

適した鉢

通気性のよい素焼き鉢が栽培に向きます。重さが気になる場合は、鉢底穴の多いプラスチックの鉢でもかまいません。白い鉢は鉢の中の温度が上がりにくく、夏越し対策になります。通気性のよいスリット鉢を利用してもよいでしょう。

スリット鉢以外は、鉢底に必ず軽石などの鉢底石を敷いて、水はけのよい環境にします。

素焼き鉢

通気性に優れ、ラベンダーの栽培に適している。

NP-T.Narikiyo

鉢底石

大粒の軽石など。スリット鉢以外は、鉢底にやや厚め（2〜3cm）に敷く。

NP-T.Narikiyo

肥料（元肥と追肥）

　元肥は、鉢植え、庭植えとも粒状の緩効性化成肥料を土に混ぜ込みます。

　追肥は、春と秋に三要素等量の緩効性化成肥料の置き肥を施します。開花期間の長いストエカス系は、生育が悪ければ5月に三要素等量の液体肥料を併用してもよいでしょう。

　ラベンダーは肥料と水を控えめにして栽培したほうが香りがよくなります。生育に問題がなければ、肥料は規定量よりやや少なめを心がけます。

元肥
粒状の緩効性化成肥料（N-P-K=6-40-6など）。

NP-T.Narikiyo

追肥
三要素等量（N-P-K=12-12-12など）の緩効性化成肥料の置き肥。

NP-T.Narikiyo

管理の基本

風通しのよい日なたで栽培する

　1日6時間以上日が当たる、風通しのよい場所が理想です。ただし、夏の午後に西日が直接当たる場所は避けるか、遮光をします（68〜69ページ参照）。

乾かし気味に育てる

　ラベンダーは過湿や蒸れが苦手です。ある程度成長してからは、できるだけ水やりを控えめにして、乾かし気味に育てましょう。

　庭植えは、植えつけ直後を除き、乾燥した日が2週間続く場合以外は、自然にまかせます。高温期に株の上から水をかけると蒸れの原因になるので、水やりは株元に行います。

　鉢植えは、鉢を持って軽くなっていたら、鉢底から流れ出るまでたっぷり水をやります。

NP-T.Narikiyo

水やりは、鉢を持って軽くなるまで待つ。底から流れ出るまで株元にたっぷり水をやる。

寒冷地・高冷地での栽培

ラベンダーらしい香りが楽しめるアングスティフォリア系、ラバンディン系は耐寒性が強く、寒冷地・高冷地での栽培に向きます。

耐寒性のある系統を選ぶ

ラベンダーは地中海沿岸地方原産のものが多く、耐寒性のある系統を選べば、寒冷地・高冷地のほうが、中間地や暖地よりも育てやすいといえます。

種類によっても異なりますが、アングスティフォリア系はマイナス15～20℃、ラバンディン系はマイナス10～15℃を切らない地域では、庭植えで冬越しができます。

耐寒性の弱いプテロストエカス系（0℃）、ストエカス系（マイナス5℃）、デンタータ系（マイナス5℃）は鉢植えにするか、庭植えは一年草扱いで栽培します。

植えつけ、植え替えは春から初夏

植えつけや植え替えは春から初夏、最適期は5月の大型連休のころです。秋も作業できますが、気温が下がる前に根が張るように、10月上旬までにすませましょう。

冬は防寒をする

耐寒性の強い系統でも、寒風に吹きさらされると、葉が乾燥して枯死することがあります。鉢植えは軒下などに移動させ、庭植えは不織布で株全体を覆うか（34ページ参照）、防風ネットなどを張って防寒をすると、春からの生育がよくなります。

寒冷地・高冷地での栽培例　アングスティフォリア系

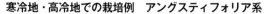
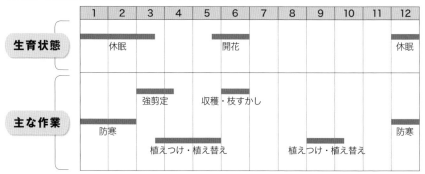

	1	2	3	4	5	6	7	8	9	10	11	12
生育状態	休眠				開花							休眠
主な作業	防寒		強剪定 植えつけ・植え替え		収穫・枝すかし				植えつけ・植え替え			防寒

暖地での栽培

最も香りがよい半面、高温多湿が苦手なアングスティフォリア系の栽培は、梅雨と夏の対策が決め手。比較的耐暑性のあるラバンディン系のほうが、一般的には暖地での栽培に向きます。

耐暑性のある系統や種類を選ぶ

ストエカス系、デンタータ系、プテロストエカス系は、庭植えで夏越し、冬越しができます。

香りを楽しむなら、比較的耐暑性のあるラバンディン系のほうが、アングスティフォリア系より育てやすいでしょう。ただし、ラバンディン系でも、近年の猛暑で夏に枯れてしまうことがあります。耐暑性の強い種類を選び、できるだけ夏を涼しくすごす工夫をしましょう（68〜69ページ参照）。

また、最近は改良が進み、「長崎ラベンダー」シリーズ（93ページ参照）のように、耐暑性の強いアングスティフォリア系も誕生しています。

株間をあけて蒸れを防ぐ

暖地では春から初夏と秋以外に、冬も植えつけができます。耐暑性の弱い種類を庭に植えつける場合は、秋か冬に植えつけたほうが夏越しの失敗が減ります。

庭植えの場合は、水はけのよい土に高植えにして、株間を広めにとって（アングスティフォリア系は50cm程度）、過湿と蒸れを防ぎます。

梅雨の長雨にも注意が必要です。バークチップや黒マルチなどで土の表面を覆い、泥はねによる病気の感染や雑草を防ぎます。鉢植えは雨に当てないようにします。

暖地での栽培例　アングスティフォリア系（長崎ラベンダー） ※二季咲き性の種類の場合

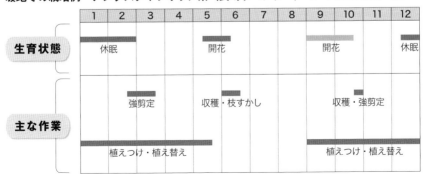

提供／長崎ラベンダー研究会

91

暖地での栽培

収穫後の剪定は浅めに

花を収穫したら、梅雨期に樹形を整える程度に全体を浅く刈り込みます。9分刈り程度が目安です。この時期に強い剪定をすると、蒸散のバランスが崩れたり、切り口から病原菌が侵入したりして、夏に枯れる場合があります。

夏はできるだけいじらない

暑さが苦手なラベンダーにとって、夏は最も厳しい季節です。できるだけ株をいじらないようにし、鉢植えは毎日早朝か夕方にたっぷり水やりをします。庭植えは乾燥が続く場合を除いて、自然にまかせます。

強剪定は秋か春先に行う

枝を切り戻す強剪定は、秋か春先に行います。

秋に強剪定を行う場合、二季咲き性、四季咲き性の品種はまだ蕾や花がついている場合もありますが、10月下旬に思い切って剪定したほうが株が若返ります。秋に強剪定をすれば、整った姿で冬をすごすこともできます。

秋に強剪定をしなかった場合は、新芽が上がる前の春先に作業してもかまいません。

nagasaki lavender

長崎の保育園で行われたラベンダーの花摘み体験。暑さに強い種類を選べば、暖地でもアングスティフォリア系が楽しめる。

Column

暑さに強く春と秋に咲く
「長崎ラベンダー」

　高温多湿の夏に強く、春と秋に2回咲く「長崎ラベンダー」は、長崎生まれのアングスティフォリア系のシリーズです。

　1998年に長崎県立大村城南高校の生徒たちがまいたラベンダーの実生株から耐暑性にすぐれた株が見つかり、「城南1号」と名づけられました。

　その後、「城南1号」を譲り受けた長崎ラベンダー研究会によって改良が重ねられ、2013年に、温暖な九州でも育

つ耐暑性と二季咲き性を兼ね備えた「リトルマミー」(15ページ参照)が誕生。長崎ラベンダーの代名詞ともいえるロングセラーになっています。

　2018年秋には「しずか」、「しおり－紫織－」、「ナイトブルー」も登場。「しずか」はアングスティフォリア系では珍しい四季咲き性で5月上旬から咲き始め、花を収穫すると次々に花穂が上がり、2か月近く楽しめます。その後も11月くらいまで咲き続けます。

「長崎ラベンダー」の元祖「城南1号」。この品種から秋も咲く二季咲き性が定着。大型種。

花穂が大きく輝くような赤紫色系の「しおり－紫織－」。5月末から6月上旬に満開になる。

シリーズ一番の濃紫色の「ナイトブルー」は長崎の夜景をイメージしたネーミング。

ほかより10日ほど早く5月上旬から空色に色づく早生種の「しずか」。四季咲き性。

取材協力／長崎ラベンダー研究会

用語ナビ

「ラベンダーの系統って？」「収穫はいつ？」
作業の内容や、わからない用語はここをご覧ください。
この本の栽培関連用語をナビゲートします。

● このページの使い方
　見出し語のあとの数字は用語の説明や作業の方法、写真を掲載しているページです。ここに説明を記した用語もあります。

あ

アブラムシ　41
アングスティフォリア系
　9, 14 〜 18, 34 〜 36, 38, 40 〜 41, 43, 46 〜 49, 59 〜 61, 76, 84, 86, 29
移植　70, 72 〜 73
一季咲き性　86
　年1回開花する性質のこと。ラベンダーの場合は春から初夏。
イングリッシュラベンダー　9, 14, 86
ヴィリディスラベンダー　11, 26
植えつけ　40, 42 〜 43, 46 〜 47, 85
植え替え　40, 44 〜 45, 70
枝すかし　52, 55 〜 57, 59 〜 61, 66
　枝を間引いて減らす剪定。
ウォータースペース　42
　鉢植えで水やりをした際に一時的に水がたまるスペース。

か

花穂　9 〜 12, 52, 54
　小花がたくさん集まって穂状に咲いている部分。

カナリーラベンダー　13, 28, 87
緩効性化成肥料
　37, 41, 46, 71, 75, 88 〜 89
　ゆっくり効いて効果が持続する化成肥料。
休眠　35, 53, 76
　植物が一定期間生育を停止すること。
強剪定　36, 38, 56 〜 57, 92
　枝を深く切り戻して株を若返らせる剪定。
原種　9 〜 13, 26, 29, 30
交配種　10 〜 11, 13, 29 〜 30
コモンラベンダー　9, 14, 86

さ

さし木　40 〜 41, 48 〜 50, 85
さし穂　48 〜 49
　さし木に使う枝のこと。
三要素等量　53, 89
　チッ素（N）、リン酸（P）、カリ（K）の肥料の三要素の成分が等量に含まれること。
四季咲き性
　12〜13, 70〜71, 74, 84, 86〜87, 92〜93
　適切な温度があれば、周年開花が可能な性質。
収穫　6 〜 7, 52, 56, 58 〜 61, 66
真正ラベンダー　9, 86
ストエカス系
　11, 22 〜 26, 36, 40 〜 43, 46 〜 47, 52, 54 〜 55, 76, 87
スパニッシュラベンダー　11, 87
整枝　36
　樹形を整える剪定のこと。

下司高明（げじ・たかあき）

福岡県生まれ。種苗会社勤務を経て、山梨県の八ヶ岳南麓で、ラベンダーをはじめとした各種ハーブ、観賞用の宿根草などの苗の生産・販売を手がける。併設のハーブガーデンでは、さまざまなハーブや宿根草の植栽例を展示している。

NHK 趣味の園芸
12か月栽培ナビ⑫

ラベンダー

2020年3月20日　第1刷発行
2023年6月10日　第4刷発行

著　者　　下司高明
　　　　　©2020 Geji Takaaki
発行者　　土井成紀
発行所　　NHK出版
　　　　　〒150-0042
　　　　　東京都渋谷区宇田川町10-3
　　　　　TEL 0570-009-321（問い合わせ）
　　　　　　　 0570-000-321（注文）
　　　　　ホームページ
　　　　　https://www.nhk-book.co.jp
印刷　　　凸版印刷
製本　　　凸版印刷

表紙デザイン
岡本一宣デザイン事務所

本文デザイン
山内迦津子、林 聖子
（山内浩史デザイン室）

表紙撮影
大泉省吾

本文撮影
成清徹也
伊藤善規／今井秀治／大泉省吾／上林徳寛／
桜野良充／田中雅也／牧 稔人／丸山 滋

イラスト
五十嵐洋子
江口あけみ
タラジロウ（キャラクター）

校正
ケイズオフィス／髙橋尚樹

編集協力
矢嶋恵理

企画・編集
加藤雅也（NHK出版）

取材協力・写真提供
日野春ハーブガーデン
山梨県総合農業技術センター
長崎ラベンダー研究会
シンジェンタジャパン
ハクサンインターナショナル
エフメールナガモリ／
北ノ沢コミュニティガーデンみんなの丘
国営滝野すずらん丘陵公園／陽春園／
横浜イングリッシュガーデン／
ロベリア・上田広樹
矢嶋恵理